高职高专交通与市政工程类规划教材

市政设施维修与养护

主　编　陈　鑫　段　鹏

副主编　毛久群　李小伟

主　审　黄春蕾

U0343497

黄河水利出版社

·郑州·

内 容 提 要

本书共4章,主要内容包括:市政道路的检测与评价,路基、路面、人行道及附属设施的维修与养护;市政桥梁的的检查与评价,桥梁上部结构、下部结构、抗震设施、人行通道、隧道、附属设施的维修与养护;市政排水管渠、泵站的维修与养护;市政绿化设施的维修与养护等。

本书是高职高专院校市政工程技术专业教学用书,也可供道路桥梁工程技术、给水排水工程技术等相关专业教学使用,或供从事市政工程维修与养护的管理人员、技术人员参考学习。

图书在版编目(CIP)数据

市政设施维修与养护/陈鑫,段鹏主编. —郑州:黄河水利出版社,2018.7

高职高专交通与市政工程类规划教材
ISBN 978 - 7 - 5509 - 2083 - 5

Ⅰ.①市… Ⅱ.①陈… ②段… Ⅲ.①市政工程 – 维修 – 高等职业教育 – 教材 ②市政工程 – 保养 – 高等职业教育 – 教材 Ⅳ.①TU99

中国版本图书馆 CIP 数据核字(2018)第 171812 号

策划编辑:谌莉 电话:0371 – 66025355 E-mail:1137927/56@ qq. com

出 版 社:黄河水利出版社 网址:www. yrcp. com
　　　　地址:河南省郑州市顺河路黄委会综合楼 14 层 邮政编码:450003
发行单位:黄河水利出版社
　　　　发行部电话:0371 – 66026940、66020550、66028024、66022620(传真)
　　　　E-mail:hhslcbs@ 126. com
承印单位:河南瑞之光印刷股份有限公司
开本:787 mm × 1 092 mm 1/16
印张:10.75
字数:248 千字　　　　　　　　　　　印数:1—3 000
版次:2018 年 7 月第 1 版　　　　　　印次:2018 年 7 月第 1 次印刷

定价:35.00 元

前　言

　　本书在编写过程中充分考虑到高等职业技术教育的教学特点,以教育部对高等职业人才培养目标及与之相适应的知识、技能、能力和素质结构的要求为宗旨,力求满足该专业毕业生的基本要求和业务范围的需要,充分注意学生创新能力和工程实践能力的培养。

　　本书紧密跟踪我国市政工程技术的发展,采用了最新的行业技术标准、规范、规程,从市政工程行业岗位群对人才的知识结构和技能要求出发,确定教学目标和教学内容。在内容编排上力求做到:基本理论简明扼要、深入浅出;注意理论联系实际,重点突出市政设施维修与养护的实用技术;配有适量的复习题以便学生掌握课程的基本知识。

　　本书按照 36 学时编写,共分 4 章,主要内容包括:市政道路的检测与评价,路基、路面、人行道及附属设施的维修与养护;市政桥梁的的检查与评价,桥梁上部结构、下部结构、抗震设施、人行通道、隧道、附属设施的维修与养护;市政排水管渠、泵站的维修与养护;市政绿化设施的维修与养护等。

　　本书由重庆建筑工程职业学院陈鑫、段鹏、毛久群、李小伟合编,陈鑫统稿。编写的具体分工为:第一章由段鹏编写,第二章由毛久群编写,第三章由陈鑫编写,第四章由李小伟编写。重庆建筑工程职业学院黄春蕾担任主审。

　　本书编写过程中,参考了有关院校编写的教材、专著,并得到了重庆建筑工程职业学院教学指导委员会、黄河水利出版社的指导和大力支持,在此一并致以诚挚的谢意!

　　由于编者水平有限,书中可能存在不足甚至失误之处,希望读者在使用过程中提出宝贵意见,以便以后不断改进完善。

作　者

2018 年 5 月

目　录

目 录

绪　论

【教学目标】

　　1.理解市政、市政工程的基本含义；

　　2.掌握市政道路工程的分级和各功能组成部分、市政桥梁工程的种类和结构组成部分、市政管渠的功能和组成、市政绿化的分类；

　　3.熟悉市政设施养护人员需要的知识构成要求。

　　市政的定义是什么？"市"即指"城市"，"政"指"政治"（如政权、政党、政府、政策、政体等）或"政务"、行政事务或公共事务（如财政、邮政）。市政可定义为：在城市的国家政权机关（或行政机关）对市辖区内的各类行政事务（或公共事务）所进行的管理活动及其过程。

　　市政工程的定义是什么？市政工程指城市公用设施（或基础设施）工程。20世纪80年代之前，我国常把城市公用设施称为"市政工程设施"，主要指由政府投资建设的城市道路、桥梁、供水、排水等，改革开放后，有关研究城市问题的专家提出应以"城市基础设施"取代"市政工程设施"的说法。市政工程的内容十分广泛，主要包括城市道路、桥梁、隧道、公共交通、给水、排水、供热、燃气、环卫、绿化等公用或基础设施。

　　本书主要介绍市政道路、市政桥梁、市政管渠、市政绿化。

一、市政道路

　　在市政公用基础设施中，城市道路扮演着重要的角色，是城市交通中的重要组成部分。城市道路是城市交通运输的基础，是市区范围内人工建筑的交通路线，主要作用在于安全、迅速、舒适地通行车辆和行人，为城市工业生产和居民生活服务。同时，市政道路也是布置城市地下管线设施、进行市政绿化、组织沿街建筑划分的基础，并为城市公用设施提供容纳空间。城市道路用地是城市总体规划中确定的道路规划红线之间的用地部分，是道路规划红线与城市建筑用地、生产用地，以及其他用地的分界线和控制线。

　　随着城镇化步伐的加快及城市建设的高速发展，人民对城市道路的设计和施工提出了更高的要求。改革开放以来，我国城市道路建设取得了很大成绩。2015年年末我国城市道路长度和道路面积分别达到36.9万km和71.7亿 m^2。

　　（一）道路的等级划分

　　根据《城市道路工程设计规范》（CJJ 37—2012），城市道路按照在道路网中的地位、交通功能及对沿线的服务功能，分为快速路、主干路、次干路及支路四个等级。

　　（1）快速路，在特大城市或大城市中设置，是用中央分隔带将上下行车辆分开，供汽车专用的快速干路，主要联系市区各主要地区、市区和主要的近郊区、卫星城镇、主要的对外出路，负担城市主要客、货运交通，有较高车速和较大的通行能力。

（2）主干路，是城市道路网的骨架，联系城市的主要工业区、住宅区、港口、机场和车站等客货运中心，承担着城市主要交通任务的交通干道。主干路沿线两侧不宜修建过多的行人和车辆入口，否则会降低车速。

（3）次干路，为市区内普通的交通干道，配合主干路组成城市干道网，起联系各部分和集散作用，分担主干路的交通负荷。次干路兼有服务功能，允许两侧布置吸引人流的公共建筑，并应设停车场。

（4）支路，是次干路与街坊路的连接线，为解决局部地区的交通而设置，以服务功能为主。部分主要支路可设公共交通线路或自行车专用道，支路上不宜有过境交通。

（二）市政道路的组成

一般情况下，在城市道路建筑红线之间，市政道路由以下各个不同功能部分组成：

（1）车行道。即供各种车辆行驶的道路部分。其中，供汽车、无轨电车等机动车行驶的称为机动车道；供自行车、三轮车等行驶的称为非机动车道。

（2）路侧带。即车行道外侧路缘石至道路红线之间的部分，包括人行道、设施带、路侧绿化带三部分。

（3）分隔带。即在多幅路的横断面上，沿着道路纵向设置的带状分隔部分，其作用是分隔交通流、安全交通标志和设立公用设施等。分隔带又分为设在道路中央的中央分隔带、设在车行道两侧的机非分隔带，以及设在路侧带上的人行分隔带三大类。

（4）道路交叉口和交通广场。

（5）路边停车场和公交停靠站。

（6）道路雨水排水系统。

（7）其他设施，如渠化交通岛、安全护栏、照明设备、交通信号标志标线等。

二、市政桥梁

桥梁，一般指架设在江、河、湖、海上供车辆和行人等能顺利通行的构筑物。为适应现代高速发展的交通行业，桥梁亦引申为跨越山涧、不良地质或满足其他交通需要而架设的使通行更加便捷的建筑物。桥梁是公路、铁路和市政道路的重要组成部分，特别是大中型桥梁的建设对当地政治、经济、国防都具有重要意义，桥梁是交通运输咽喉，是国民经济发展的需要、人民生活的需要、国防的需要，还可以作为城市景观。

（一）桥梁的分类

桥梁按照受力特点划分，有梁桥、拱桥、钢架桥、悬索桥、斜拉桥五种基本类型。

（1）梁桥，包括简支板梁桥、悬臂梁桥、连续梁桥，其中简支板梁桥跨越能力最小，一般一跨在 8～20 m。连续梁桥跨径已达 200 m 以上，目前世界上最大跨径梁桥主跨是 330 m，是位于中国重庆的石板坡长江大桥复线桥。

（2）拱桥，在竖向荷载作用下，两端支承处产生竖向反力和水平推力，正是水平推力大大减小了跨中弯矩，使跨越能力增大，混凝土拱极限跨度在 500 m 左右，钢拱可达 1 200 m。亦正是因为这个推力，修建拱桥时需要良好的地质条件。

（3）钢架桥，有 T 形钢架桥和连续钢构桥，T 形钢架桥的主要缺点是桥面伸缩缝较多，不利于高速行车，连续钢构主梁连续无缝，行车平顺，施工时无体系转换，跨径我国最大已达 270 m(虎门大桥辅航道桥)。

(4)缆索承重桥(斜拉桥和悬索桥),是建造跨度非常大的桥梁最好的设计,道路或铁路桥面靠钢缆吊在半空,缆索悬挂在桥塔之间。斜拉桥已建成的主跨可达 890 m,悬索桥可达 1 991 m。

按用途分为公路桥、公铁两用桥、人行桥、舟桥、机耕桥、过水桥。

按跨径大小和多跨总长分为小桥、中桥、大桥、特大桥。

按行车道位置分为上承式桥、中承式桥、下承式桥。

按承重构件受力情况可分为梁桥、板桥、拱桥、钢结构桥、吊桥、组合体系桥(斜拉桥、悬索桥)。

按使用年限可分为永久性桥、半永久性桥、临时桥。

按材料类型分为木桥、圬工桥、钢筋混凝土桥、预应力桥、钢桥。

(二)桥梁的组成

桥梁由桥梁上部结构(也称桥跨结构)和桥梁下部结构组成。

1. 桥梁上部结构

桥梁上部结构承担线路荷载,跨越障碍。由桥面系、主要承重结构和支座组成。

(1)桥面系。其一般由桥面、纵梁和横梁组成。公路桥和城市桥的桥面包括桥面铺装及桥面板两部分:桥面铺装用以防止车轮直接磨耗桥面板、排水和分布轮重;桥面板用以承受局部荷载,常采用钢筋混凝土板,当主梁间距较大时可用预应力混凝土,或钢桥面板(钢桥)做成。铁路桥的桥面一般采用明桥面或道砟桥面。明桥面不设桥面板,钢轨和枕木直接联结在纵梁上(小桥无纵、横梁,则设在主梁上)。这样可以减少恒载,但噪声和冲击较大,桥下容易污染。与之相反,道砟桥面需设桥面板,上铺道砟、轨枕与钢轨,噪声和冲击力较小,桥下污染也少。上承式桥梁跨度小时,可将纵梁及横梁省去,让桥面直接联结在多根主梁上比较经济,但跨度大时,因每片主梁的造价较高,就需要减少主梁(如用双主梁),而采用纵梁及横梁将桥面荷载传给主梁。下承式桥的桥面系,必须用纵、横梁传递桥面荷载。

(2)主要承重结构。它的作用是承担上部结构所受的全部荷载并传给支座。例如,桁架梁桥中的主桁、实腹梁桥中的主梁、拱桥中的拱肋(拱圈)等。在桁架梁桥中为将主要承重结构联结成整体以承受各方向的荷载,应于其顶面和底面内分别设置纵向联结系,并在竖直平面内设横向联结系(简称横联),为让车辆通行无阻,所有横联杆件必须布置在桥梁限界之外(见桥梁建筑限界)。位于下承式桥两端及连续桁架梁桥中间支座上的横联称桥门架。此外,在铁路桥中纵梁跨度较大时,在两纵梁间也应设置纵向及横向联结系。在实腹梁桥中,现代大跨度预应力混凝土梁桥多采用箱形梁;钢实腹梁桥则采用带正交异性板桥面的箱形梁作主要承重结构(见实腹梁桥)。箱形梁中的顶板(桥面板)除起着桥面系的作用外,还与底板共同参与箱形梁整体受力,并起着纵向联结系的作用,这样就减轻了自重,节约了材料,也提高了跨越能力。

(3)支座。设于桥台(墩)顶部,支承上部结构并将荷载传给下部结构的装置。其功能为将上部结构固定于墩台,承受作用在上部结构的各种力,并将它可靠地传给墩台;在荷载、温度、混凝土收缩和徐变作用下,支座能适应上部结构的转角和位移,使上部结构可自由变形而不产生额外的附加内力。

2. 桥梁下部结构

桥梁下部结构是桥台、桥墩及桥梁基础的总称,用以支持桥梁上部结构并将荷载传给地基。桥台和桥墩一般合称墩台。

(1)桥台。位于桥梁的两端,支承桥梁上部结构,并使之与路堤衔接的建筑物,其功能是传递上部结构荷载于基础,并抵抗来自路堤的土压力。为了维持路堤的边坡稳定并将水流导入桥孔,除带八字形翼墙的桥台外,在桥台左右两侧筑有保持路肩稳定的截锥体填土,称锥体填方(也称锥体护坡),其坡面以片石围护。

(2)桥墩。位于多孔桥梁的中间部位,支承相邻两跨上部结构的建筑物,其功能是将上部结构荷载传至地基。

(3)桥梁基础。是桥梁最下部的结构,上承墩台,并将全部桥梁荷载传至地基。基底应设置在有足够承载力的持力层处,并要求有一定的埋置深度。

三、市政管渠

在城镇,作为人们生活、生产必不可少的水资源一经使用即成为污废水。从住宅、工业企业和各种公共建筑中不断地排出各种各样的污废水和废弃物,这些污水多含有大量的有机物或细菌病毒,如不加以控制,任意直接排入水体(江、河、湖、海、地下水)或土壤中,将会使水体或土壤受到严重污染,甚至破坏原有的自然环境,引起环境问题,造成社会公害。这是因为污水中存在的有毒物质或有机物质,容易引起水体污染或富营养化。

为了保护环境,现代城市需要建设一整套完善的工程设施来收集、输送、处理和处置这些污废水,城市降水也应及时排除。排水工程就是城市、工业企业排水的收集、输送、处理和排放的工程系统。排水包括生活污水、工业废水、降水以及排入城市污水排水系统的生活污水、工业废水或雨水的混合污水(城市污水)。因此,排水工程的基本任务是保护环境免受污染,以促进工业、农业生产的发展和保障人民的健康与正常生活。其主要内容包括:①收集城市内各类污水并及时地将其输送至适当地点(污水处理厂等);②妥善处理后排放或再重复利用。

排水工程通常由排水管网、污水处理厂和出水口组成。排水管网是收集和输送废水的设施,包括排水设备、检查井、管渠、水泵站等工程设施。污水处理厂是处理和利用废水的设施,包括城市及工业企业污水处理厂(站)中的各种处理构筑物等。出水口是使废水排入水体并使其与水体很好混合的工程设施。下面分别介绍城市污水、雨水等各排水系统的主要组成部分。

城市污水包括排入城镇污水管道的生活污水和工业废水。将工业废水排入城市生活污水排水系统,就组成了城市污水排水系统。

(1)室内污水管道系统及设备:主要用来收集用户生活污水,并将其排送至室外居住小区污水管道中。住宅及公共建筑内各种卫生设备是生活污水排水系统的起端设备,生活污水从这里经水封管、支管、竖管和出户管等室内管道系统流入室外居住小区管道系统,即市政排水系统。

(2)室外污水管道系统:主要是分布在地面下的依靠重力流输送污水至泵站、污水处理厂或规定受纳水体的管道系统,常分为居住小区管道系统和街道管道系统。

（3）污水泵站及压力管道:虽然污水一般是以重力流排除,但往往由于受到地形等自然条件的限制需要设置泵站提升至需求高度。泵站常分为局部泵站、中途泵站和总泵站等。由于设置泵站,相应地就出现了压力管道。

（4）污水处理厂:用来处理和利用污水、污泥并使污水达到规定排放标准的一系列构筑物及附属构筑物的综合体。在城市中常称为污水处理厂,在工厂中常称为废水处理站。城市污水处理厂一般设置在城市河流的下游地段,并与居民点或公共建筑保持一定的卫生防护距离,这可以防止污水处理厂产生的噪声、恶臭等有毒气体影响居民的正常生活,危害人们的身心健康。

（5）出水口及事故排出口:出水口是指处理后的污水或达到国家排放标准不需处理的废水排入水体的渠道和出口,它是整个城市污水排水系统的终点设备;事故排出口是指在污水排水系统中,在某些易于发生故障的设施前,如在总泵站的前面,所设置的辅助性出水渠,一旦发生故障,污水可通过事故排出口直接排入水体。

雨水排水系统主要用来收集径流的雨水,并将其排入水体。屋面雨水的收集用雨水斗或天沟,地面雨水的收集用雨水口。雨水排水系统的室外管渠系统基本上和污水排水系统相同。雨水一般直接排入水体不用处理。由于雨水径流较大,应尽量不设或少设雨水泵站。

雨水排水系统包括:①建筑物的雨水管道系统和设备;②居住小区或工厂雨水管渠系统;③街道雨水管渠系统;④排洪沟和出水口,即雨水排入水体的沟渠和出口。

四、市政绿化

市政绿化,又称为城市道路绿化,是指在道路两旁及分隔带内栽植树木、花草以及护路林等,以达到隔绝噪声、净化空气、美化环境的目的。从一定的角度讲,还可以阻挡快车道和慢车道间的灰尘扩散。

在环境保护方面,首先是增加了绿化覆盖率;其次低矮灌木和一些乔木可以通过光合作用来净化空气,同时降低噪声。作为城市绿地中的道路绿地,分车绿带、行道树绿带分隔了上下行机动车道、机动车道与非机动车道、非机动车道与人行道;交通岛绿地组织环形交通,使车辆按一定交织方式行驶,减少交通事故的发生。

城市道路绿化常见形式有以下几种:

（1）以绿篱为主的绿化带。

①两侧绿篱,中间是大型花灌木和常绿松柏类、棕榈或宿根花卉。这种形式绿化效果较为明显,绿量大,色彩丰富,高度也有变化。缺点是修剪管理工作量大,管理不到位或路口转角处处理不好,会影响司机视线。

②两侧绿篱,中间是宿根花卉和小花灌木或草花间植。色彩丰富,高度变化不如前一种明显,修剪工作量大,但对司机视线没有影响。

③单侧绿篱（多在慢车道一侧）,和宿根类花卉、草坪组合,绿篱为直线或曲线式,形式较为新颖。

（2）以草坪为主的绿化带（适合于宽度在2.4 m以上的绿化带）。一种是在草坪上种植宿根花卉或乔木,亦可种植花灌木。另一种是以草坪为主,草坪上布置少量花卉和小灌木,可以是自然式或简单的图案。

(3)以乔木为主的绿化带。这是应大力提倡的绿化带种植形式,绿量最大,环境效益最为明显,主干高 3.5 m 以上,对交通无任何影响,树下可种植耐阴草坪和花卉,美化效果明显,特别适合宽阔的城市道路。

市政设施维修与养护的主要工作任务是对市政设施进行检测、评价、养护、修复,因此施工技术人员不但要掌握本课程的知识,还要熟练掌握市政工程识图与构造、市政道路工程施工技术、市政桥梁工程施工技术、市政管道工程施工技术、市政绿化施工技术等技术知识。只有将这些知识融会贯通,才能正确理解和掌握本课程的基本知识,也才能做好市政设施的维修与养护工作。因此,学习时要善于思考,理论联系实际,切忌死记硬背。

第一章　市政道路的维修与养护

【教学目标】

1. 熟悉市政道路的检测方式和检测内容,熟悉路面技术状况评价的评价方法;

2. 熟悉路基的养护要求,掌握结构、路肩、边坡、挡土墙、边沟、排水明沟、截水沟常见病害的处理方法,熟悉不良土质路基的处理方法;

3. 熟悉沥青路面养护要求,掌握沥青路面常见的病害原因和维修处理方法;

4. 熟悉水泥路面养护要求,掌握水泥路面常见的病害原因和维修处理方法;

5. 熟悉人行道及附属设施的维修与养护要求。

市政道路的养护应包括道路设施的检测与评定、养护工程和档案资料。道路设施应包括车行道、人行道、路基、停车场、广场、分隔带及其他附属设施。根据各类道路在城镇中的重要性,宜将城镇道路分为下列三个养护等级:Ⅰ等养护的城镇道路,如快速路、主干路和次干路、支路中的广场、商业繁华街道、重要生产区、外事活动及游览路线;Ⅱ等养护的城镇道路,如次干路及支路中的商业街道、步行街区间联络线、重点地区或重点企事业所在地;Ⅲ等养护的城镇道路,如支路、社区及工业区的连接主次干路的支路。

第一节　市政道路的检测与评价

对使用中的市政道路必须按规定进行检测与评价,及时掌握道路的技术状况,并应采取相应的养护措施。市政道路的检测根据其内容、周期分为经常性巡查、定期检测和特殊检测,并应根据检测结果进行评价。

市政道路检测与评价的对象应包括沥青混凝土、水泥混凝土和砌块路面等类型的机动车道、非机动车道,以及沥青类、水泥类和石材类等铺装类型的人行道。

一、一般规定

城镇道路的检测与评价工作应包括下列内容:

(1)记录道路当前状况。

(2)了解车辆和交通量的改变给设施运行带来的影响。

(3)跟踪结构与材料的使用性能变化。

(4)对道路检测结果进行评价。

(5)将评价结果提供给养护设计部门。

二、经常性巡查

经常性巡查应由经过培训的专职道路管理人员或养护技术人员负责。巡查应对结构变化、道路施工作业情况、各种标志及其附属设施等状况进行检查;巡查宜以目测为主,并应填写市政道路巡查表;巡查应按道路类别、级别、养护等级分别制定巡查周期。Ⅰ等养护的道路宜每日一巡,Ⅱ等养护的道路宜二日一巡,Ⅲ等养护的道路宜三日一巡。经常性巡查记录应定期整理归档并提出处理意见。

巡查过程中发现设施明显损坏,影响车辆和人行安全的,应及时采取相应养护措施,特殊情况下可设专人看护并填写设施损坏通知单。

经常性巡查应包括下列内容:

(1)检查路面及附属设施外观完好情况。

①检查沉陷、坑槽、拥包、车辙、松散、搓板、翻浆、错台,井框与路面高差、剥落、啃边、缺失、破损、淤塞等损坏情况;

②检查井盖、雨水井完好情况;

③检查积水情况。

(2)检查路基沉陷、变形、破损等情况。

(3)检查在道路范围内的施工作业对道路设施的影响。

(4)检查其他损坏及不正常现象。

在经常性巡查中,当发现道路沉陷、空洞或大于 100 mm 的错台,以及井盖、雨水口算子丢失等影响道路安全运营的情况时,应按应急预案处置,立即上报,设置围挡,并应在现场监视。

三、定期检测

(一)定期检测的分类

定期检测可分为常规检测和结构强度检测。常规检测应每年一次。结构强度检测,快速路、主干路宜 2 ~ 3 年一次,次干路、支路宜 3 ~ 4 年一次。

(二)定期检测的评价单元

(1)道路的每两个相邻交叉口之间的路段应作为一个单元,交叉口本身宜作为一个单元;当两个相邻交叉口之间的路段大于 500 m 时,每 200 ~ 500 m 作为一个单元,不足 200 m 的按一个单元计。

(2)每条道路应选择若干个单元进行检测和评价,应以所选单元的使用性能的平均状况代表该条道路路面的使用性能。当一条道路中各单元的使用性能状况差异大于两个技术等级时,则应逐个单元进行检测和评价。

(3)历次检测和评价所选取的单元应保持相对固定。

(三)定期检测的内容

1.常规检测

常规检测应由专职道路养护技术人员负责。

1)常规检测规定要求

对照市政道路资料卡的基本情况,现场校核市政道路的基本数据,检测损坏情况,判断损坏原因,确定养护范围和方案。对难以判断损坏程度和原因的道路,提出进行特殊检测的建议。

2) 常规检测的内容

(1) 车行道、人行道、广场铺装的平整度；

(2) 车行道、人行道、广场设施的病害与缺陷；

(3) 基础损坏状况；

(4) 附属设施损坏状况。

2. 结构强度检测

结构强度检测应由专业单位承担并应由具有城镇道路养护、管理、设计、施工经验的技术人员参加,检测负责人应具有 5 年以上城镇道路专业工作经验。

(1) 路表回弹弯沉值测定。结构强度检测应以路表回弹弯沉值表示。检测设备宜采用落锤式弯沉仪、贝克曼梁等检测设备。

(2) 路面抗滑性能检测。市政快速路、主干路应进行路面抗滑性能检测,并以粗糙度表示,检测设备可选用摆式仪等。

四、特殊检测

当出现下列情况之一时,应进行特殊检测:

(1) 进行道路大修、改扩建时；

(2) 道路发生不明原因的沉陷、开裂、冒水时；

(3) 在道路下进行管涵顶进水和降水作业、隧道开挖等工程施工期间；

(4) 道路超过设计使用年限时。

特殊检测部位和有关的要求与定期检查相同。

特殊检测应包括下列内容:

(1) 收集道路的设计和竣工资料,历年养护、检测评价资料,材料和特殊工艺技术、交通量统计资料等。

(2) 检测道路结构强度。

(3) 调查道路沉陷原因,检测道路空洞等。

(4) 对道路结构整体性能、功能状况进行评价。

五、路面技术状况评价

(一)沥青路面

沥青路面技术状况评价内容应包括路面行驶质量、路面损坏状况、路面结构强度、路面抗滑能力和综合评价,相应的评价指标为路面行驶质量指数(RQI)、路面状况指数(PCI)、路表回弹弯沉值、抗滑系数(BPN 或 SFC)和综合评价指数(PQI)。沥青路面技术状况评价体系见图 1-1。

沥青路面行驶质量评价应根据 RQI、IRI 或平整度标准差(J)将城镇道路路面行驶质量分为 A、B、C、D 四个等级。

(二)水泥路面

水泥路面技术状况评价内容应包括路面行驶质量、路面损坏状况和综合评价,相应的评价指标为路面行驶质量指数(RQI)、路面状况指数(PCI)和综合评价指数(PQI)。水泥

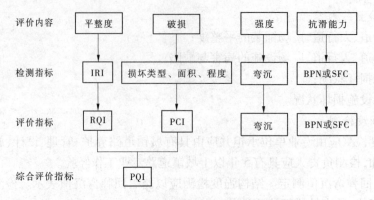

图 1-1　沥青路面技术状况评价体系

路面技术状况评价体系见图 1-2。

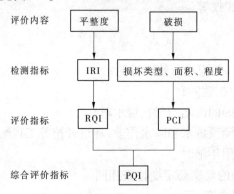

图 1-2　水泥路面技术状况评价体系

水泥路面行驶质量评价应根据 RQI、IRI 或平整度标准差将城镇道路路面行驶质量分为 A、B、C、D 四个等级。

（三）人行道铺装

人行道铺装技术状况评价内容应包括平整度评价和损坏状况评价，相应的评价指标为人行道质量指数（FQI）和人行道状况指数（FCI）。

人行道铺装平整度评价应根据 RQI、IRI 或平整度标准差将城镇道路路面行驶质量分为 A、B、C、D 四个等级。

六、路面养护对策

（一）沥青路面的养护对策

沥青路面的养护对策如表 1-1 所示。

表 1-1　沥青路面养护对策

评价指标	PCI	RQI	PCI	RQI	PCI	RQI	PCI	RQI	结构强度	BPN、SFC
等级	A、B	A、B	B、C	B、C	C	C	D	D	不足	D
养护对策	保养小修		保养小修或中修		中修或局部大修		大修或改扩建工程			

（二）水泥路面的养护对策

水泥路面的养护对策如表1-2所示。

表1-2　水泥路面养护对策

PCI 评价等级	A	B	C	D
养护对策	保养小修	保养小修或中修	中修或局部大修	大修或改扩建工程

（三）人行道的养护对策

人行道的养护对策如表1-3所示。

表1-3　人行道养护对策

FCI 评价等级	A	B	C	D
养护对策	保养小修	保养小修或中修	中修或局部大修	大修或改扩建工程

第二节　路基的维修与养护

　　路基是按照路线位置和一定技术要求修筑的作为路面基础的带状构造物,是道路的基础。路基是道路的重要组成部分,是路面的基础。它与路面共同承担车辆荷载,并把车辆荷载通过其本身传递到地基。路基的强度和稳定性直接影响路面的平整度,是保证路面稳定的基本条件。为了保证路基的坚实和稳定,排水性能良好,使其各部分尺寸和坡度符合规定,应加强路基养护,并采取有效措施进行修复和加固。

一、一般规定

（一）市政道路路基的组成

市政道路路基应包括路基结构、路肩、边坡、挡土墙、边沟、排水明沟、截水沟等。

（二）路基养护的工作内容与基本要求

1. 路基养护的工作内容

路基养护应通过对公路各部分的日常巡视和定期检查,如发现病害应及时查明原因,采取有效措施进行修复或加固,消除病害根源,其作业范围应包括下列内容:

（1）维修、加固路肩和边坡。

（2）疏通、改善排水设施。

（3）维护、修理各种防护构造物。

（4）清除塌方、积雪,处理塌陷,检查险情,防治水毁。

（5）观察和预防、处理翻浆、滑坡、泥石流等病害。

（6）有计划、有针对性地对局部路基进行加宽、加高,改善急弯、陡坡等视距不良地段,使之逐步达到所要求的技术标准。

（7）为适应运输发展的需要,应对养护的路线逐步进行改善和加固,如改善路线的急弯和陡坡,加添挡土墙、护坡等结构物。

2.路基养护的基本要求

为保证路基各部分完整,使路基发挥正常有效的作用,路基养护工作必须符合下列基本要求:

(1)路肩应无坑槽、沉陷、积水、堆积物,边缘应直顺平整。

(2)土质边坡应平整、坚实、稳定,坡度应符合设计规定。

(3)挡土墙及护坡应完好,泄水孔应畅通。

(4)边沟、明沟、截水沟等排水设施坡度应顺适,无杂草,排水应畅通。

(5)对翻浆路段应及时养护处理。

(三)市政道路路基养护维修注意事项

在路基养护维修的过程中,应注意以下事项:

(1)在修复路基过程中,不论是何种损坏现象,均应及时查明原因,采取相应的措施,及时排除,防患于未然。

(2)要尽早找出道路的缺陷及损坏部分,根据需要进行应急处理,同时应及时地采取修复措施。

(3)进行养护及维修作业时,要注意不要对交通造成障碍及对沿线生活环境造成影响。

二、路基翻浆

潮湿地段的路基在冰冻过程中,土中的水分不断地向上移动聚集,引起路基冰胀。春融时,路基湿软,强度急剧降低,加上行车的作用,路面发生弹簧、鼓包、冒浆、车辙等现象,称为翻浆。如图1-3所示。

图1-3　路基翻浆

路基翻浆主要发生在季节性冰冻地区的春融季节,以及盐渍、沼泽等地区。因地下水位高、排水不畅、路基土质不良、含水过多,经行车反复作用,路基会出现弹簧(弹软)、裂缝、冒泥浆等翻浆现象。

(一)造成土基冻胀与翻浆的条件

(1)土质。采用粉性土制作路基,便构成了冻胀与翻浆的内因,粉性土毛细上升速度快,作用强,为水分向上聚集创造了条件。

（2）水文。地面排水困难,路基填土高度不足,边沟积水或利用边沟作农田灌溉,路基靠近坑塘或地下水位较高的路段,为水分积聚提供了充足的水源。

（3）气候。秋天的多雨、冬天的暖和、晚春的骤热、春融期降雨等都是加剧湿度积聚和翻浆现象的不利气候。

（4）行车。过大的交通量或过重的汽车,能加速翻浆的出现。

（5）养护。不及时排除积水,弥补裂缝,会促成或加剧翻浆的出现。

（二）路基翻浆的预防

对易发生翻浆的路段应加强预防性养护工作。雨季前,应检查整修路肩、边沟,补修路面碎裂和坑槽;雨季后,应疏、掏排水设施,修理边沟水毁;冬季应及时清除路面积雪,填灌修补裂缝。

在日常养护中,应经常使路基表面平整坚实,无坑槽、辙、沟,路拱及路肩横坡度符合规定标准,路肩上无坑洼,无堆积物及边沟通畅,不存水。及时扫除积雪,使路基顶面不存雪,防止雪水渗入路基。

路面出现潮湿斑点,发生龟裂、鼓包、车辙等现象,表明路基已发软,翻浆已开始,此时应对其长度、起讫时间及气温变化、表面特征等进行详细的调查分析并记录,确定其治理方案。

常采用以下养护措施可防止翻浆加重:

（1）在路肩上开挖横沟,及时排除表面积水。横沟间距一般为3~5 m,沟宽30~40 cm,沟深至路面基层以下,高于边沟沟底。横沟底面要做向外倾斜的坡,坡度4%~5%。两边路肩的横沟要错开挖。

当开始出现翻浆的路段不太长时,也可在路面的边缘挖出两道纵沟,宽25 cm,深度随路面、厚度而定。然后每隔300~400 m挖一道横沟。

（2）及时修补路面坑槽和路肩坑洼,保持路面和路肩平整,以利于尽快排除表面积水。

（3）如条件许可,应控制重型车辆通过或令车辆绕道行驶。

（4）在交通量较小、重车通过不多的公路上,可用木料、树枝等做成柴排,铺于翻浆路段,再铺上碎石、砂土,维持通车。当翻浆停止,路基渐趋稳定时,应及时拆除临时设施,恢复路基原状。

（5）砂桩防治。当路基出现翻浆迹象时,可在行车带部位开挖渗水井,随时将渗水井内的水掏出,边掏水、边加深,直至冰冻层以下;当渗水基本停止时,即可填入粗砂或碎（砾）石,形成砂桩。砂桩可做成圆形或矩形,其大小以施工方便和施工时维持行车为度。一般其直径（或边长）为30~50 cm,桩距和根数可根据翻浆的严重程度而定,一般一个砂桩的影响面积为5~10 m²。

（三）路基翻浆的处治

翻浆路段必须查明原因,对病害的范围、一般发生时间、气候变化、病害表面特征、路面结构、平时的养护情况等进行详细调查分析,并记录。对路基翻浆的处理,应根据导致翻浆的水类来源和翻浆高峰时期路面变形破坏程度,确定处理措施。主要可采取下列措施:

（1）交通量小的路段或支路,可采取换土回填的措施。

（2）钻孔灌注生石灰桩，或干拌碎石等。石灰桩即将生石灰块填充到路基中，产生吸水膨胀、发热及离子交换作用，使桩体硬化，从而形成复合路基，达到加固路基的效果。

（3）设置砂桩，桩距和根数可根据翻浆的严重程度确定。当路基出现翻浆迹象时，可在行车部位开挖渗水井，随时将渗入井内的水掏出，边掏水、边加深，直至冰冻层以下；当渗水基本停止时，即可填入粗砂或碎（砾）石，形成砂桩。砂桩可做成圆形或矩形，一般直径（或边长）为 300～500 mm。

（4）有翻浆迹象的路段，应采取以下措施：

①在路肩上开挖横沟，及时排除表面积水，横沟间距宜为 3～5 m，沟宽宜为 300～400 mm，沟深应至路面基层以下，且应高于边沟沟底。

②路面坑洼严重路段，应设横、纵向相连的盲沟并与边沟相通，当受边沟高程等条件所限，不能利用边沟排水时，可设置渗水井。

③挖补翻浆土基，可换填水稳定性良好的材料，压实后重铺路面。

三、路肩

路肩指的是位于车行道外缘至路基边缘，具有一定宽度的带状部分（包括硬路肩与保护性路肩），为保持车行道的功能和临时停车使用，并作为路面的横向支承，如图 1-4 所示。

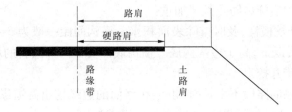

图 1-4　路肩

路肩是保证路基、路面有整体稳定性和排除路面积水的重要结构，也是为保持临时停车所需两侧余宽的重要组成部分。路肩的养护情况直接关系到路基路面的强度、稳定性和行车的畅通，因此必须重视路肩的养护、维修和加固。此外，路肩和边坡应与环境协调，并尽可能使之美观。

（一）路肩养护的基本要求

路肩应平整、坚实；路肩出现车辙、坑槽、路肩边缘积土等现象时，应及时处理；路肩应有横坡，硬路肩横坡度应大于路面横坡度，土路肩横坡度应大于路面横坡度 1%～2%。

（二）路肩车辙、坑槽的养护与维修

路肩车辙、坑槽表现为路肩低洼不平，低洼处易积水。

1. 原因分析

（1）行驶车辆车轮碾压。

（2）土路肩表面不密实或土质黏性不足，经暴雨冲刷形成纵、横沟槽。

（3）路面排水不畅，在路缘石外侧渗水形成沟槽。

（4）路肩培土不均匀，压实度不够，经自然沉降后形成坑槽。

2. 预防措施

(1)路肩土宜用黏性土培筑,土路肩宜种植草皮,并经常修剪。

(2)设置截水明槽,自纵坡坡顶起,每隔20 m左右两边交错设置宽30~50 cm的斜向截水明槽,并用砾(碎)石填平;同时在路肩边缘处设置高8~12 cm、顶宽8~12 cm、下宽20 cm的拦水土埂。在每条截水明槽处,留一跌水缺口,其下面的边坡用草皮或砌石加固,使雨水集中在截水明槽内排除。

(三)路肩与路面错台的养护与维修

路肩与路面错台表现为路肩低于或高于路面,造成路面侧向外露或排水不畅、路面积水等。

1. 原因分析

(1)由于路肩培土压实度没有达到标准,边坡外向倾斜,路肩下沉使路肩低于路面,造成错台。

(2)施工过程中,路肩培土没有到位或过于偏高。

2. 预防措施

(1)施工时严格控制路肩培土压实度,大型压实机具不能用时,应用小型压实机具压实,且辅以人工修平。

(2)路肩培土到位,横坡修整到位。

3. 治理方法

(1)路肩低于路面时,用同类型的土填平压实,保持适当横坡。

(2)路肩高于路面时,应铲出多余的土,整平拍实。

(四)土质松散路肩稳定措施

(1)采用石灰土或砾料石灰土稳定、硬化路肩。

(2)撒铺石屑或其他粒料进行养护。

(3)在路肩外侧,用块石或水泥混凝土预制块安砌护肩带,其最小宽度宜大于350 mm。

(4)沿路面边缘安砌路缘石,其顶高与路边相同。

(5)城镇道路的路肩宜改建成硬路肩。

四、边坡

边坡是为保证路基稳定,在路基两侧做成的具有一定坡度的坡面。边坡养护的好坏直接影响到路基稳定性,在各种自然和人为因素的作用和影响下,边坡会出现缺口、冲沟、沉陷、塌落、岩石风化、崩落等病害,因此必须加强养护管理,保持原有的稳定状态。

(一)边坡养护规定

(1)边坡出现冲沟、缺口、沉陷及塌落时应进行整修。

(2)路堑边坡出现冲沟、裂缝时,应及时填塞捣实;如出现潜流涌水,应隔断水源,或采取其他措施将水引向路基以外。

(二)边坡防护加固措施

边坡防护应根据路基土质条件选用不同治理方法,可分为植被防护和坡面治理两类,亦可混合使用。对于设置了防护与加固设施的边坡,应经常检查,针对不同的状况,采用不同的养护维修措施。

（1）边坡因雨水冲刷易形成冲沟和缺口等病害，应及时整修。对较大的冲沟和缺口，修理时应将原坡挖成台阶形，然后分层填筑压实，并注意与原坡面衔接平顺。

（2）植被护坡。植被护坡有种草及铺草皮。应经常检查植被的发育状态、地下水及地表水流出状况，草皮护坡有无局部的根部冲空现象，坡面及坡顶有无裂缝、隆起等异常现象，坡面及坡顶的尘埃、土砂等堆积状况，针对不同情况，采取措施。

（3）砌石护坡。养护时应检查护坡有无松动现象，有无局部脱落及陷没现象，护坡工程有无滑动、下沉、隆起、裂缝等现象；检查是否有涌水及渗水状况，泄水孔是否起作用，基础是否受到冲刷。针对上述现象找出原因，及时填补，进行维修，保证边坡稳定，如图1-5、图1-6所示。

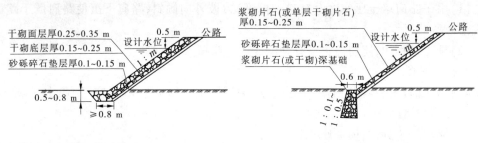

图1-5　干砌片石护坡　　　　　图1-6　浆砌片石护坡

（4）对陡边坡和风化严重的岩石边坡，可采用抹面、喷浆、勾缝、灌浆、石砌边坡等坡面处理方法。

（5）采用片（块）石、卵石及混凝土预制块等材料铺砌护坡，在坡面径流流速小于1.5 m/s的地段可采用干砌，其厚度宜大于250 mm；坡面径流流速大于1.5 m/s或有风浪的地段应采用浆砌，其厚度宜大于350 mm。

（6）对岩石开裂并有坍塌危险的边坡，应采用混凝土或钢筋混凝土修筑；对岩石挖方受雨水侵蚀出现剥落或崩塌不稳定的地方，可采用锚喷法加固。在加固范围应设置泄水孔，涌水地段应挖水平泄水沟。

（7）对路堑或路堤边坡高差大，且受条件限制，坡度达不到土壤稳定要求的边坡，应修筑挡土墙。

（8）边坡岩土因被浸湿或下部支撑力量受到削弱，在重力作用下沿一定的软弱面整体向下滑动的现象，叫作滑坡。对滑坡地段应加强观测，做好观测记录，分析可能出现的异常情况，并应及时采取下列措施：

①在滑坡体上方设置截水沟，滑塌范围内修建竖向（主沟）及斜向（支沟）排水沟。

②当滑坡体位于地下水充沛的地段时，应设置盲沟或截断水源。

③修建抗衡坡体滑塌的挡土墙等构筑物。

五、挡土墙

挡土墙是指支承路基填土或山坡土体、防止填土或土体变形失稳的构造物。挡土墙是一种用来支撑陡坡以保持土体稳定的构造物，它所承受的荷载主要是侧向土压力。在公路、铁路、水利、矿山、航运及建筑部门的土木工程中,挡土墙的应用是十分广泛的。当山区地面横坡过陡时,常在下侧边坡设置挡土墙;或在靠山侧,由于刷坡过多,不仅土石方工程数量大,而且破坏了天然植被,容易引起灾害,因此设置挡土墙以降低路堑高度;在平原地区多为良田,为了节约用地,往往也在路基一侧或两侧设置挡土墙;挡土墙还经常用来整治坍塌、滑坡等路基病害等。

(一)挡土墙养护的基本要求

(1)土墙应定期检查,若发现异常现象,应及时采取措施。此外,每年的春秋两季应进行一次定期检查。冰冻严重地区主要检查在冰冻融化后挡土墙的墙身及基础的变化情况,以及冰冻前采取防护措施的效果。另外,若遇反常气候、地震或重型车辆通过等异常情况,应随时进行检查。

(2)挡土墙应坚固、耐用、整齐和美观。

(3)墙体及坡面出现裂缝或断缝时,应先做稳定处理,再进行补缝。

(4)挡土墙出现风化剥落时,应处置。

(5)挡土墙的泄水孔应保持畅通。挡土墙出现严重渗水时,应增设泄水孔或墙后排水设施。

(6)挡土墙发生倾斜、凹凸、滑动及下沉时,应先消除侧压因素,再采取锚固法、套墙加固法或增建支撑墙加固法等加固措施。

锚固法:采用高强钢筋作锚杆,穿入预先钻好的孔内,用水泥砂浆灌满锚杆插入岩体部位,固定锚杆,待砂浆达到一定强度后,对锚杆进行张拉,然后用锚头固紧(见图1-7)。

套墙加固法:在原墙外侧加宽基础,加厚墙身(见图1-8)。施工时应先挖除一部分墙后填土,减小土压力,同时应注意新旧基础和墙身的结合。方法是凿毛旧基础和旧墙身,必要时设置钢筋锚栓或石榫,以增强连接。墙后填土必须分层填筑并夯实。原挡土墙损坏严重,需拆除损坏部分重建时,为防止不均匀沉降,新旧墙之间应设置沉降缝。

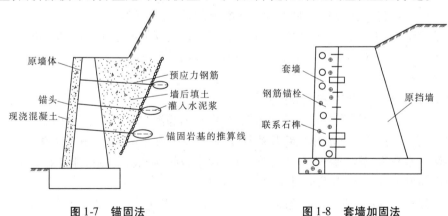

图1-7　锚固法　　　　　　　　图1-8　套墙加固法

增建支撑墙加固法:在挡墙外侧,每隔一定的间距,增建支撑墙。支撑墙的基础埋置深度、尺寸和间距应通过计算确定(见图1-9)。

(7)严重损坏的挡土墙,应将损坏部分拆除重建。

（二）挡土墙的养护措施

（1）当出现挡土墙病害时，应查明原因，并观察其发展情况，然后根据结构种类，针对损坏情况，采取合理的修理加固措施。对检查和维修加固情况，应作好记录，归入技术档案备查。

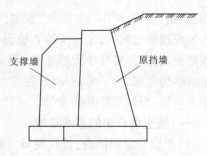

图1-9　增建支撑墙加固法

（2）挡土墙的泄水孔如无法疏通，应另行选择适当位置增设泄水孔，或在墙背后沿挡墙增做墙后排水设施，一般可增设盲沟将水引出路基以外，以防止墙后积水，引起土压力增加或冻胀。

（3）挡土墙若发生失稳或显示失稳征兆，应调查其地形、地质和水文条件，结合现状确定合理的加固方案。

六、边沟、排水沟、截水沟

（一）路基排水设施的分类

路基排水设施分为地面排水设施和地下排水设施。

1. 地面排水设施

地面排水设施一般应包括边沟、截水沟、排水沟、跌水、急流槽、倒虹吸管、渡槽等。

边沟是设在路基边缘的水沟，主要用以汇集和排除路基范围内和流向路基的少量地面水，是矮路堤和路堑不可缺少的排水设施。

截水沟又称天沟，当路基上侧山坡汇水面积较大时，应在挖方坡顶以外或填方路基上侧适当距离设置截水沟，用于拦截山坡流向路基的水流。

排水沟的作用是将边沟、截水沟、取土坑或路基附近的积水通过排水沟排至桥涵处或路基以外的洼地或天然河沟，以防水流积于路基附近，危害路基。

当地形险峻、水流湍急、排水沟渠的纵坡较陡时，为降低流速、削减能量、防止冲刷，可设置跌水和急流槽，以防止水流对路基与桥涵结构物的危害。

2. 地下排水设施

地下排水设施有暗沟、渗沟和渗井。

暗沟是设在地面以下引导水流的沟渠，其本身不起渗水和汇水作用，而是把路基范围内的泉水或渗沟汇集的水流排到路基范围以外，以免其在土中扩散，危害路基。

渗沟又分盲沟、管式渗沟、洞式渗沟三种，用来吸收、降低、汇集和排除地下水，或用以拦截流向路基的地下水，并将其排出路基范围以外。

当路线经过地区地形平坦，地面水无法排除时，可以建筑像竖井或吸水井形式一样的渗水井，使地面水通过渗水井渗入地下，予以排除。

路基排水系统具有拦截、汇集、排除地面水和地下水，降低地下水位的功能，能使路基免受水的侵害，保证路基的强度和稳定性。路基排水系统能否正常工作，直接影响到路基的稳定性。因此，加强对各排水设施的日常养护与维修、加固，是确保路基稳定的关键环节。

（二）路基排水设施养护的要求

边沟、排水沟和截水沟的淤积物应及时清除，沟内流水应畅通，断面完好。对沟断面破损应及时整修恢复。土质边沟的纵坡坡度应大于0.5%，平原地区排水困难地段不宜小于0.2%。当土质为细砂质土及粉砂土且纵坡在1%～2%，或土质为粉砂质黏土且纵坡为3%～4%，或流量大时，必须加固边沟。对有可能被冲刷的土质边沟、排水沟、截水沟，其加固类型应结合地形、地质、纵坡等实际情况，按表1-4和表1-5选用。

表1-4　排水沟渠加固类型

形式	加固类型	加固厚度（mm）
简易	夯实沟底沟壁	—
	黏土碎（砾）石加固	100～150
	石灰三合土碎（砾）石加固	100～150
干砌	干砌片石	150～250
	干砌片石水泥砂浆抹平	150～250
浆砌	浆砌片石	150～250
	浆砌混凝土预制块	100～150
	砖砌	60～120

表1-5　边沟加固类型与纵坡的关系

纵坡（%）	<1	1～3	3～5	5～7	>7
加固类型	不加固	1. 土质好，不加固 2. 土质不好，简易加固	干砌	干砌或浆砌	浆砌

七、特殊土质路基

（一）盐渍土路基的养护

盐渍土是盐土和碱土及各种盐化、碱化土壤的总称。盐土是指土壤中可溶性盐含量达到对作物生长有显著危害的土类。盐分含量指标因不同盐分组成而异。碱土是指土壤中含有危害植物生长和改变土壤性质的多量交换性钠。盐渍土主要分布在内陆干旱、半干旱地区，滨海地区也有分布。全世界盐渍土面积约897.0万km^2，约占世界陆地总面积的6.5%，占干旱地区总面积的39%。中国盐渍土面积20多万km^2，约占国土总面积的2.1%。

工程上认为，当地表1 m内含有容易溶解的盐类，如$NaCl$、$MgCl_2$、$CaCl_2$、Na_2SO_4、$MgSO_4$、Na_2CO_3、$NaHCO_3$（重碳酸钠）等，超过0～3%时即属盐渍土。盐渍土在干旱季节和干旱地区，因盐类的胶结和吸湿、保湿作用，有利于路基稳定，但一旦受到雨水、冰雪融化的淋湿，含水量急增，出现湿化坍塌、沉陷、路基发软等现象，致使强度降低，丧失稳定，甚至失去承载力，导致路基容易出现病害，如道路泥泞、路基翻浆及冻胀病害加重；受水浸时，强度显著下降，发生沉陷；硫酸盐发生盐胀作用，使土体表面层结构破坏和疏松，以致路面被拱裂及路肩、边坡被剥蚀等。针对这些情况，主要采取下述措施加以防治：

（1）加密排水沟,沟底应保持 0.5% ～1% 的纵坡;对路基填土低、排水困难地段,应加宽加深边沟或在边沟外增设横向排水沟,其间距不宜大于 500 m,沟底应有向外倾斜 2% ～3% 的横坡,如图 1-10 所示。

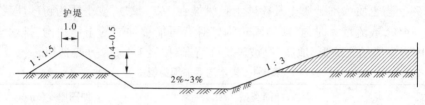

图 1-10　加大排水沟及护堤 （单位:m）

（2）换填风积沙或矿料,其厚度不宜小于 300 mm,对加深、加宽边沟的弃土,可堆筑在边沟外缘,形成护堤,以保护路基不被水淹。

（3）在盐湖地区用盐晶块修筑的路基表面,原来没有覆盖层或覆盖层已失散的,宜用砂土混合料进行覆盖和恢复。路肩出现车辙、坑凹、泥泞等现象时,应清除浮土,泼洒盐水湿粒,再填补碎盐晶块整平夯实,仍用砂土混合料覆盖压实。

（4）秋冬季节或春融季节,路肩容易出现盐胀隆起,甚至翻浆,对隆起的应予以铲平,使地面水及时排除。

（5）边坡经受雨水或化学冻融后出现的沟槽、溶洞、松散等,可采用盐壳平铺或黏土掺沙铺土压密,防止疏松。

（6）在过盐地区对较高等级的道路,为防止路肩风蚀、泥泞,以及防止水分从路肩部分下渗,而造成路面沉陷,其路肩可考虑采取下列措施:

①用粗粒渗水材料掺在当地土内封闭路肩表层;

②用沥青材料封闭路肩;

③就地取材,用 15 cm 厚的盐壳加固。

（7）打石灰桩或砂桩,深度应达冰冻线以下且呈梅花状排列,并应符合设计要求。

（二）湿陷性黄土路基的养护

湿陷性黄土是指在上覆土层自重应力作用下,或者在自重应力和附加应力的共同作用下,因浸水后土的结构破坏而发生显著附加变形的土,属于特殊土。有些杂填土也具有湿陷性,主要分布在秦岭、山东半岛、昆仑山等干旱和半干旱地区,其中以黄土高原的沉积最为典型。黄土具有疏松、湿陷、遇水崩解、膨胀等特性,所以黄土地区的路基容易出现裂缝、剥落、沟槽、坍方、陷穴等多种病害。应根据不同情况,采取下列加固措施治理:

（1）减缓坡面,采取植被防护加固措施治理。

（2）冲刷不严重的路段,可采用黏土掺拌铡草进行抹面,并应每隔 300 ～400 mm 打入木楔。

（3）雨雪量较大的地区,应对坡面进行加固防护,形成护坡。

（4）路基若出现坑穴,可采用灌砂、灌浆或挖开填塞孔道后夯实,且应事先导水或排水。

（5）路肩若出现凹坑,可采用砂土混合料改善表层,或采取硬化措施;路肩未硬化地段,应每隔 20 ～30 m 设盲沟一处,为防止地表水渗入路面底层中,盲沟口与边坡急流槽相接,盲沟与盲沟之间铺设塑料薄膜防水层,如图1-11所示。

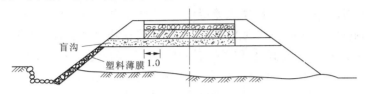

图1-11　路肩未硬化,设置盲沟与铺塑料薄膜　(单位:m)

(三)泥沼及软土地带路基的养护

我国东北的大兴安岭、小兴安岭、长白山、三江平原、松辽平原等地,青藏高原和西北地区的湖盆洼地、高寒山地均分布有泥沼;在湖塘、盆地、江、河、湖、海沿岸和山河洼地,则分布有近代沉积的软土。泥沼、软土地带的路基,多因地面低洼、降水充足、地下水位高、含水饱和、透水性小、压缩性大、抗剪强度低,在填土荷载和行车荷载下,容易出现沉降、冰冻膨胀、弹簧、沉陷、滑动、基底向两侧挤出等病害。应根据不同情况,采取下列防治措施:

(1)降低水位。当在路基两侧开挖沟渠的工程量不大时,可加深路堤两侧边沟。

(2)反压护道。当路堤下沉,两侧或一侧隆起时,可在路堤两侧或一侧填筑适当高度与宽度的护道,如图1-12所示。

(3)换土。将路堤病害处软土全部挖除,换填强度较高、透水性较好的砂砾石或碎石,如图1-13所示。

图1-12　用反压护道加固软土路堤　　　　图1-13　换填砂砾石(碎石)

(4)抛石挤淤。当软土液性指数大、层厚较薄、石料能沉至硬层处时,选用片(块)石,块径不宜小于300 mm。抛石自路堤中部开始,逐步向两侧展开,挤出的淤泥应予以清除。抛石至一定高度经碾压后,在其上铺设反滤层,再填土至路基原有高度,如图1-14所示。

(5)侧向压缩。在路堤坡脚砌筑纵向结构,限制软土侧向挤出,可采用板桩、木排桩、钢筋混凝土桩等。图1-15所示为两种侧向压缩方法。

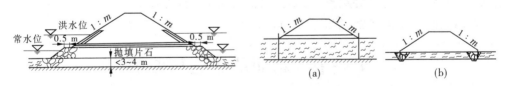

图1-14　抛石挤淤　　　　　　　　图1-15　两种侧向压缩方法

(6)除以上治理方法外,还可采用砂石垫层、石灰桩、砂桩、袋状砂井、塑料排水板,以及土工织物滤垫等方法。

(四)多年冻土地带路基的养护

在年平均气温为零摄氏度以下的条件下,地下形成一层能长期保持冻结状态的土,这种土叫作多年冻土。在我国的东北、西北及青藏高原的高寒地区,分布有成片的多年冻土。低温地带的多年冻土往往含有大量水分,或夹有冰层,并有一些不良的物理地质现象,易引起的路基病害主要有:路堑边坡坍塌,路基底发生不均匀沉陷;或由于水分向路基上部积聚而引起冻胀、翻浆;路基底的冰丘、冰堆往往使路基鼓胀,引起路基、路面的开裂与变形,而融化后又发生不均匀沉陷等。针对路基病害的不同情况,可以采取以下措施:

(1)多年冻土地区的路基养护,应采取"保护冻土"的原则,做到"宜填不挖"。除满足路基填筑的最小高度外,另加 50 cm 保护层。路基填方高度不宜小于 1 m。

(2)养护材料尽量选用砂砾等非冻胀性材料,不适用黏土、重黏土之类毛细作用强、冻胀性大的养护材料。

(3)加强排水,防止地表积水,保持路基干燥,减少水融,做到最大限度地保护冻土。应完善路基侧向保护和纵、横向排水系统,一切地表径流应分段截流,通过桥涵排出路基下方坡脚 20 m 以外。路基坡脚 20 m 以内不得破坏地貌,不得挖除原有草皮;取土坑应设在路基坡脚 20 m 以外;路基上侧 20 m 处应开挖截水沟,防止雨雪水沿路基坡脚长流或向低处汇积,造成地表水下渗,路基下冻土层上限下降。疏浚边沟、排水沟时,应防止破坏冻层,导致冻土融化,产生边坡坍塌。

(4)受地形限制,路基填筑高度不够时,应铺筑保温隔离层,隔温材料可采用泥炭、炉渣、碎砖等,防止热融对冻土的破坏。

(5)防护构造物应选用耐融性材料。选用防水、干硬性砂浆和混凝土时,在冰冻深度范围,其标号应提高一级。

(6)流冰的治理宜采用下列方法:将路基上侧的泉水、夹层和透水层的渗水,从保温暗沟(或导管)导流出路基外,如含水层下尚有不冻结的下层含水层,则可将其引入下层含水层中排出。具体做法是将泉水源头至路基挖成 1 m 深沟,上面覆盖柴草保温材料,再修一个小坝积水井(观察眼),路基下放导管(直径 30 cm),管的周围用保温材料包裹,防止结冰,避免冰丘的形成。

(7)提高溪旁路基的高度,使其高于流冰面 60 cm 以上。因受地形或纵坡限制不能提高路基时,可在临水一侧路外筑堤埂或从中部凿开一道水沟,用树枝杂草覆盖加铺土保温,使水流沿水沟流动,避免溢流上路。如地形许可,可将溪流改至远离公路处通过。

在多年冻土区,可在路上侧 10～15 m 以外开挖与路线平行的深沟,以截断活动层泉流,在冬季使涎流冰聚集在公路较远处,保证公路不受涎流冰的影响。根据涎流冰的数量,在公路外侧修筑储冰池,使涎流冰远离公路。

第三节　路面的维修与养护

路面是用筑路材料铺在路基上供车辆行驶的层状构造物,具有承受车辆重量、抵抗车轮磨耗和保持道路表面平整的作用。为此,要求路面有足够的强度、较高的稳定性、一定的平整度、适当的抗滑能力,行车时不产生过大的扬尘现象,以减少路面和车辆机件的损坏,保持良好视距,减少环境污染。路面按其力学特征分为刚性路面和柔性路面。刚性路面在行车荷载作用下能产生板体作用,具有较高的抗弯强度,如水泥混凝土路面。柔性路面抗弯强度较小,主要靠抗压强度和抗剪强度抵抗行车荷载作用,在重复荷载作用下会产生残余变形,如沥青路面、碎石路面。

路面养护是道路养护工作的中心环节,是养护质量考核的首要对象。路面是在路基上用各种筑路材料铺筑,供汽车行驶,直接承受行车作用和自然因素作用的结构层,其作用是满足行车安全、迅速、经济、舒适的要求。因此,必须采取预防性养护和经常性养护、修理措施,以保证道路的正常使用。

汽车在路面上行驶,除克服各种阻力外,还会通过车轮把垂直力和水平力传给路面,水平力又分为纵向力和横向力两种。另外,路面还会受到车辆的震动力和冲击力作用;在车身后面还会产生真空吸力作用。在上述各种外力的综合作用下,路面结构层内会产生大小不同的压应力、拉应力和剪应力。如果这些应力超过了路面结构整体或某一组成部分的强度,路面就会出现断裂、沉陷、波浪、松散和磨损等破坏。因此,路面结构整体及其各部分必须通过养护,保持足够的强度,以抵抗在行车作用下所产生的各种应力。同时,路面还应有一定抵抗变形的能力,即所谓路面的刚度。如果路面结构整体或某一部分刚度不够,即使强度足够,在车轮荷载作用下也会产生过量的变形,造成车辙、沉陷或者波浪等破坏。因此,必须采取预防性养护和经常性养护、修理措施,使路面保持一定的强度、刚度及稳定性,使路面结构具有足够的抗疲劳强度及抗老化形变累积的能力,确保其耐久性,并使路面平整、完好,路拱适度,排水畅通,行车顺适、安全。同时,还要对原有路面有计划地进行改善,提高其技术状况,以适应运输发展的需要。

一、沥青路面的养护

沥青路面是以道路石油沥青、煤沥青、液体石油沥青、乳化石油沥青、各种改性沥青等为结合料,黏结各种矿料修筑的路面结构。由于其面层使用沥青结合料,因而增加了矿料间的黏结力,提高了混合料的强度和稳定性,使路面的使用质量和耐久性都得到提高。与水泥混凝土路面相比,沥青路面具有表面平整、无接缝、行车舒适、耐磨、振动小、噪声低、施工期短、养护维修简便等优点,因而在目前高等级公路中占据相当大的比重。

由于沥青路面的强度和稳定性受气温、水分、路面材料性质等客观因素影响比较大,因此在养护工作中必须随时掌握路面的使用状况,加强日常保养,及时修补各种破损,保持路面经常处于清洁、完好状态。

(一)沥青路面养护的要求

(1)沥青路面必须进行经常性养护和预防性养护。当路面出现裂缝、松散、坑槽、拥包、啃边等病害时,应及时进行保养小修。

(2)沥青混合料出厂时应有出厂合格证明。混合料外观应拌和均匀、色泽一致,无明显油团、花白或烧焦。

(3)铺筑沥青混合料时,大气温度宜在 10 ℃以上。低温施工时应有保证质量的相应技术措施;雨天时不得施工。

(4)沥青路面铣刨、挖除的旧料宜再生利用。

(5)沥青路面面层不得采用水泥混凝土进行修补。

(6)当沥青路面摊铺面积大于 500 m² 时,宜采用摊铺机铺筑。

(7)沥青路面维修边线、纵缝和横缝接茬宜使用机械切割。

(8)采用铣刨机铣刨的路面,在修补前应将残料和粉尘清除干净。粘层油宜选择乳化沥青。

（二）沥青路面的保养小修

沥青路面的保养小修是指为保持道路功能和设施完好所进行的日常保养、对路面轻微损坏的零星修补，其工程数量不宜大于 400 m²。

沥青路面应加强经常性、预防性小修保养，对局部的、轻微的初始破损必须及时进行修理。通常将清扫保洁，处理泛油、拥包、裂缝、松散等作为保养作业；将修补坑槽、沉陷，处理波浪、啃边等病害作为小修作业。保养小修是保持路面使用质量、延长路面使用周期的重要技术措施，分初期养护和日常养护。

1. 沥青路面初期养护要点

1）热拌沥青混合料路面的初期养护

（1）摊铺、压实后的热拌沥青混合料路面，待摊铺层自然冷却，混合料表面温度低于50 ℃后方可开放交通。

（2）纵、横向的施工接缝是沥青路面的薄弱环节，应加强初期养护，随时用 3 m 直尺查找暴露出来的轻微不平，铲高补低，经拉毛后，用混合料垫平、压实。

2）沥青贯入式路面的初期养护

（1）路面竣工后，开放交通时，行驶车辆限速在 15 km/h 以下，根据表面成形情况，逐步提高到 20 km/h。

（2）设专人指挥交通或设置临时路标，按先两边、后中间控制车辆易辙行驶，达到全面压实。

（3）应随时将行车驱散的嵌缝料回扫、扫匀、压实，以形成平整密实的上封层。当路面泛油后，要及时补撒与施工最后一层矿料相同的嵌缝料，同时控制行车碾压。

3）乳化沥青路面的初期养护

乳化沥青路面的初期稳定性差，压实后的路面应做好初期养护，设专人管理，按实际破乳情况，封闭交通 2～6 h。在未破乳的路段上，严禁一切车辆、人、畜通过。开放交通初期，应控制车速不超过 20 km/h，并不得制动和调头。当其有损坏时应及时修补。

2. 沥青路面日常养护要求

（1）保持路面平整、横坡适度、线形顺直、路容整洁、排水良好。

（2）加强巡路检查，掌握路面情况，随时排除有损路面的各种因素，及时发现路面初期病害，研究分析病害产生的原因，并有针对性地及时对病害进行维修处理。

（3）禁止各种履带车和其他铁轮车直接在路上行驶。

（4）掌握技术资料，建立养护档案。

（5）根据各地不同季节的气候特点、降水和温度变化规律，按照"预防为主、防治结合"的原则，结合本地区成功经验，针对不同季节病害根源，因地制宜，采取有效的技术措施，做好预防性、季节性养护工作。

（三）沥青路面常见病害的产生原因及维修措施

1. 横向裂缝

横向裂缝与路中心线基本垂直，缝隙宽度不一，缝长有贯穿整个路幅的，也有穿过部分路幅的，如图 1-16 所示。

图 1-16　路面横向裂缝

1）横向裂缝的原因分析

（1）施工缝未处理好，接缝不紧密，结合不良。

（2）沥青未达到适合于本地区气候条件和使用要求的质量标准，致使沥青面层温度收缩或温度疲劳应力（应变）大于沥青混合料的抗拉强度（应变）。

（3）半刚性基层收缩裂缝引起的反射裂缝。

（4）桥梁、涵洞或通道两侧的填土产生固结或地基沉降。

2）横向裂缝的预防措施

（1）合理组织施工，摊铺作业连续进行，减少冷接缝。冷接缝的处理，应先将已摊铺压实的摊铺带边缘切割整齐、清除碎料，然后用热混合料敷贴接缝处，使其预热软化；铲除敷贴料，对缝壁涂刷 0.3 ~ 0.6 kg/m^2 粘层沥青，再铺筑新混合料。

（2）充分压实横向接缝。碾压时，压路机在已压实的横幅上，钢轮伸入新铺层 15 cm，每压一遍向新铺层移动 15 ~ 20 cm，直到压路机全部在新铺层上，再改为纵向碾压。

（3）根据《沥青路面施工及验收规范》（GB 50092—96）要求，按本地区气候条件和道路等级选取适用的沥青类型，以减少或消除沥青面层温度收缩裂缝。采用优质沥青更有效。

（4）桥涵两侧填土充分压实或进行加固处理。沉降严重地段事前应进行软土地基处理和合理的路基施工组织。

（5）反射裂缝预防见后文关于反射裂缝预防措施的具体内容。

3）横向裂缝的治理方法

为防止雨水由裂缝渗透至路面结构，对于细裂缝（2 ~ 5 mm），可用改性乳化沥青灌缝。对大于 5 mm 的粗裂缝，可用改性沥青（如 SBS 改性沥青）灌缝。灌缝前，须清除缝内、缝边碎粒料、垃圾，并使缝内干燥。灌缝后，表面撒上粗砂或 3 ~ 5 mm 石屑。

2.纵向裂缝

纵向裂缝走向基本与行车方向平行，裂缝长度和宽度不一，如图 1-17 所示。

1）纵向裂缝的原因分析

（1）前后摊铺幅相接处的冷接缝未按有关规范要求认真处理，结合不紧密而脱开。

图 1-17　路面纵向裂缝

（2）纵向沟槽回填土压实质量差而发生沉陷。

（3）拓宽路段的新老路面交界处沉降不一。

2）纵向裂缝的预防措施

（1）采用全路幅一次摊铺，如分幅摊铺，前后幅应紧跟，避免前摊铺幅混合料冷却后才摊铺后半幅，确保热接缝。

（2）如无条件全路幅摊铺，上下层的施工纵缝应错开 15 cm 以上。前后幅相接处为冷接缝时，应先将已施工压实完的边缘坍斜部分切除，切线须顺直，侧壁要垂直，清除碎料后，宜用热混合料敷贴接缝处，使之预热软化，然后铲除敷贴料，并对侧壁涂刷 0.3～0.6 kg/m² 粘层沥青，再摊铺相邻路幅。摊铺时控制好松铺系数，使压实后的接缝结合紧密、平整。

（3）沟槽回填土应分层填筑、压实，压实度必须达到要求。当符合质量要求的回填土来源或压实有困难时，须作特殊处理，如采用黄沙、砾石砂或有自硬性的高钙粉煤灰或热闷钢渣等回填。

（4）拓宽路段的基层厚度和材料须与老路面一致，或稍厚。土路基应密实、稳定。铺筑沥青面层前，老路面侧壁应涂刷 0.3～0.6 kg/m² 粘层沥青。沥青面层应充分压实。新老路面接缝宜用热烙铁烫密。

3）纵向裂缝的治理方法

2～5 mm 的裂缝可用改性乳化沥青灌缝，大于 5 mm 的裂缝可用改性沥青（如 SBS 改性沥青）灌缝。灌缝前，须先清除缝内和缝边碎粒料、垃圾，并保持缝内干燥。灌缝后，表面撒上粗砂或 3～5 mm 石屑。

3. 网状裂缝

网状裂缝纵横交错，缝宽 1 mm 以上，缝距 40 cm 以下、1 m 以上，如图 1-18 所示。

1）网状裂缝的原因分析

（1）路面结构中夹有软弱层或泥灰层，粒料层松动，水稳定性差。

（2）沥青与沥青混合料质量差，延度低，抗裂性差。

（3）沥青层厚度不足，层间黏结差，水分渗入，加速裂缝的形成。

2）网状裂缝的预防措施

（1）沥青面层摊铺前，对下卧层应认真检查，及时清除泥灰，处理好软弱层，保证下卧

图 1-18　沥青路面网状裂缝

层稳定,并宜喷洒 0.3 ~ 0.6 kg/m² 粘层沥青。

(2)原材料质量和混合料质量严格按《沥青路面施工及验收规范》(GB 50092—96)的要求进行选定、拌制和施工。

(3)沥青面层各层应满足最小施工厚度的要求,保证上下层的良好连接,并从设计施工养护上采取有效措施排除雨后结构层内积水。

(4)路面结构设计应做好交通量调查和预测工作,使路面结构组合与总体强度满足设计使用期限内交通荷载要求。上基层必须选用水稳定性良好的有粗粒料的石灰、水泥稳定类材料。

3)网状裂缝的治理方法

(1)如夹有软弱层或不稳定结构层,应将其铲除;如因结构层积水引起网裂,铲除面层后,需加设将路面渗透水排除至路外的排水设施,再铺筑新混合料。

(2)如强度满足要求,网状裂缝是由于沥青面层厚度不足引起的,可采用铣削网裂的面层后加铺新料来处理,加铺厚度按现行设计规范计算确定。如在路面上加罩,为减轻反射裂缝,可采取各种"防反"措施进行处理。

(3)由于路基不稳定导致路面网裂时,可采用石灰或水泥处理路基,或注浆加固处理,深度可根据具体情况确定,一般为 20 ~ 40 cm。消石灰用量 5% ~ 10%,或水泥用量 4% ~ 6%,待土路基处理稳定后,再重做基层、面层。

(4)由于基层软弱或厚度不足引起路面网裂时,可根据情况,分别采取加厚、调换或综合稳定的措施进行加强。水稳定性好、收缩性小的半刚性材料是首选基层。基层加强后,再铺筑沥青面层。

4.反射裂缝

反射裂缝是指基层产生裂缝后,在温度和行车荷载作用下,裂缝将逐渐反射到沥青层表面,路表面裂缝的位置形状与基层裂缝基本相似。对于半刚性基层,以横向裂缝居多,对于在柔性路面上加罩的沥青结构层,裂缝形式不一,取决于下卧层。

1)反射裂缝的原因分析

(1)半刚性基层收缩裂缝的反射裂缝。

(2)在旧路面上加罩沥青面层后原路面上已有裂缝包括水泥混凝土路面的接缝的反射裂缝。

2)反射裂缝的预防措施

(1)采取有效措施减少半刚性基层收缩裂缝。

(2)在旧路面加罩沥青路面结构层前,可铣削原路面后再加罩,或采用铺设土工织物、玻纤网后再加罩,以延缓反射裂缝的形成。

3)反射裂缝的治理方法

(1)缝宽小于 2 mm 时,可不作处理。

(2)缝宽大于 2 mm 时,可采用改性乳化沥青或改性沥青(如 SBS 改性沥青)灌缝。灌缝前须先清除缝内垃圾及缝边碎粒料,并保持缝内干燥。灌缝后撒粗砂或 3 ~ 5 mm 石屑。

5. 翻浆

翻浆是指基层的粉、细料浆水从面层裂缝或从大空隙率面层的空隙处析出,雨后路表面呈淡灰色。

1)翻浆的原因分析

(1)基层用料不当,或拌和不匀,细料过多。由于其水稳性差,遇水后软化,在行车作用下浆水上冒。

(2)低温季节施工的半刚性基层,强度增长缓慢,而路面开放交通过早,在行车与雨水作用下使基层表面粉化,形成浆水。

(3)冰冻地区的基层,冬季水分积聚成冰,春天解冻时翻浆。

(4)沥青面层厚度较薄,空隙率较大,未设置下封层和没有采取结构层内排水措施,促使雨水下渗,加速翻浆的形成。

(5)沥青表面处治和沥青贯入式面层竣工初期,由于行车作用次数不多,结构层尚未达到应有密实度就遇到雨季,使渗水增多,基层翻浆。

2)翻浆的预防措施

(1)采用含粗粒料的水泥、石灰粉煤灰稳定类材料作为高等级道路的上基层。粒料级配应符合要求,细料含量要适当。

(2)在低温季节施工时,石灰稳定类材料可掺入早强剂,以提高其早期强度。

(3)根据道路等级和交通量要求,选择合适的面层类型和适当厚度。沥青混凝土面层宜采用两层式或三层式,其中一层须采用密级配。当各层均为沥青碎石时,基层表面必须做下封层。

(4)设计时,对空隙率较大、易渗水的路面,应考虑设置排除结构层内积水的结构措施。

(5)表面处治和贯入式面层经施工压实后,空隙率仍然较大,需要有较长时间借助于行车进一步压密成形。因此,这两种类型面层宜在热天或少雨季节施工。

3)翻浆的治理方法

(1)采取切实措施,使路面排水顺畅,及时清除雨水进水孔垃圾,避免路面积水和减少雨水下渗。

(2)对轻微翻浆路段,将面层挖除后清除基层表面软弱层,施设下封层后铺筑沥青面层。

(3)对严重翻浆路段,将面层、基层挖除,如涉及路基,还要对路基处理之后,铺筑水稳性好、含有粗骨料的半刚性材料作基层,用适宜的沥青结构层进行修复,并要有排除路面结构层内积水的技术措施。

6. 车辙

车辙是指路面在车辆荷载作用下轮迹处下陷,轮迹两侧往往拌有隆起(见图1-19、图1-20),形成纵向带状凹槽。在实施渠化交通的路段或停刹车频率较高的路段较易出现车辙。

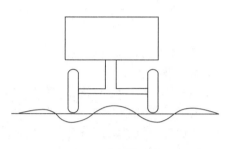

图1-19　车辙示意

图1-20　车辙

1)车辙的原因分析

(1)沥青混合料热稳定性不足。矿料级配不好,细集料偏多,集料未形成嵌锁结构;沥青用量偏高;沥青针入度偏大或沥青质量不好。

(2)沥青混合料面层施工时未充分压实,在行车荷载作用下,继续压密或产生剪切破坏。

2)车辙的预防措施

(1)粗集料应粗糙且有较多的破碎裂面。密级配沥青混凝土中的粗集料应形成良好的骨架作用,细集料充分填充空隙,沥青混合料稳定度及流值等技术指标应满足规范要求。高等级道路应进行车辙试验检验。动稳定度对高速公路和城市快速路不小于800次/mm,对一级公路和城市主干路不小于600次/mm。

(2)根据当地气候条件按《沥青路面施工及验收规范》(GB 50092—96)选用合适标号的沥青,针入度不宜过大,上海地区一般选用70号重交通道路石油沥青。

(3)施工时,必须按照有关规范要求进行碾压,基层和沥青混合料面层的压实度应分别达到98%和95%(或96%)。

(4)对于通行重车比例较大的道路,或启动、制动频繁,陡坡的路段,必要时可采用改性沥青混合料,提高抗车辙能力。但在选用时,必须兼顾高低温性能。

(5)道路结构组合设计时,沥青面层每层的厚度不宜超过混合料集料最大粒径的4倍,否则较易产生车辙。

3)车辙的治理方法

(1)如仅在轮迹处出现下陷,而轮迹两侧未出现隆起,则可先确定修补范围。一般可目测或将直尺架在凹陷上,与长直尺底面相接的路面处可确定为修补范围的轮廓线。沿轮廓线将5~10 cm宽的面层完全凿去或用机械铣削,槽壁与槽底垂直,并将凹陷内的原面层凿毛,清扫干净后,涂刷0.3~0.6 kg/m² 粘层沥青,用与原面层结构相同的材料修补,并充分压实,与路面接平。

(2)如在轮迹的两侧同时出现条状隆起,应先将隆起部位凿去或铣削,直至其深度大于原面层材料最大粒径的 2 倍,槽壁与槽底垂直,将波谷处的原面层凿毛,清扫干净后涂刷 0.3 ~ 0.6 kg/m² 粘层沥青,再铺筑与面层相同级配的沥青混合料,并充分压实,与路面接平。

(3)若因基层强度不足、水稳性不好等原因引起车辙,则应对基层进行补强或将损坏的基层挖除,重新铺筑。新修补的基层应有足够强度和良好的水稳定性,坚实平整。如原为半刚性基层,可采用早期强度较高的水泥稳定碎石修筑,且其层厚不得小于 15 cm。修补时应注意与周边原基层的良好衔接。

(4)对于受条件限制或车辙面积较小的街坊道路,可采用现场冷拌的乳化沥青混合料修补。其矿料级配和沥青用量,可参照《沥青路面施工及验收规范》确定。

7. 拥包

拥包是指沿行车方向或横向出现局部隆起。拥包较易发生在车辆经常启动、制动的地方,如停车站、交叉口等,如图 1-21 所示。

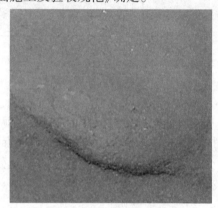

图 1-21　拥包

1)拥包的原因分析

(1)沥青混合料的沥青用量偏高或细料偏多,热稳定性不好。在夏季气温较高时,不足以抵抗行车引起的水平力。

(2)面层摊铺时,底层未清扫或未喷洒(涂刷)粘层沥青,致使路面上下层黏结不好;沥青混合料摊铺不匀,局部细料集中。

(3)基层或下面层未经充分压实,强度不足,发生变形位移。

(4)在路面日常养护时,局部路段沥青用量过多,集料偏细或摊铺不均匀。

(5)陡坡或平整度较差路段,面层沥青混合料容易在行车作用下向低处积聚而形成拥包。

2)拥包的预防措施

(1)在混合料配合比设计时,要控制细集料的用量,细集料不可偏多。选用针入度较小的沥青,并严格控制沥青的用量。

(2)在摊铺沥青混合料面层前,下层表面应清扫干净,均匀洒布粘层沥青,确保上下层黏结。

(3)人工摊铺时,由于料车卸料容易离析,应做到粗料、细料均匀分布,避免细料集中。

3)拥包的治理方法

(1)凡由于沥青混合料本身级配偏细,沥青用量偏高,或者上下层黏结不好而形成的拥包,应将其完全铣削掉,并低于原路表,然后待开挖表面干燥后喷洒 0.3 ~ 0.6 kg/m² 粘层沥青,再铺筑热稳定性符合要求的沥青混合料至与路面平齐。当拥包周边拌有路面下陷时,应将其一并处理。

(2)如基层已被推挤,应将损坏部分挖除,重新铺筑。

(3)修补时应采用与原路面结构相同或强度较高的材料。如受条件限制,则对于面积较小的修补,可采用现场冷拌的乳化沥青混合料,但应严格控制矿料的级配和沥青用量。

8.搓板

搓板是指路表面出现轻微、连续的接近等距离的起伏状,形似洗衣搓板。虽峰谷高差不大,但行车时有明显的频率较高的颠簸感,如图1-22所示。

1)搓板的原因分析

(1)沥青混合料的矿料级配偏细,沥青用量偏高,高温季节时,面层材料在车辆水平力作用下发生位移变形。

(2)铺设沥青面层前,未将下层表面清扫干净或未喷洒粘层沥青,致使上层与下层黏结不良,产生滑移。

(3)旧路面上原有的搓板病害未经认真处理即在其上铺设面层。

图1-22　搓板

2)搓板的预防措施

(1)合理设计与严格控制混合料的级配。

(2)在摊铺沥青混合料前,须将下层顶面的浮尘、杂物清扫干净,并均匀喷洒粘层沥青,保证上下层黏结良好。

(3)基层、面层应碾压密实。

(4)旧路上做沥青罩面前,须先处理原路面上已发生的搓板病害,否则压路机无法将搓板上新罩的面层均匀碾压密实,新的搓板现象随即就会出现。

3)搓板的治理方法

(1)如属混合料中沥青用量偏多引起的不很严重的搓板,可参照拥包治理方法(1)处理。

(2)因上下面层相对滑动引起的搓板,或搓板较严重、面积较大时,应将面层全部铲除,并低于原路面,其深度应大于用于修补沥青混合料最大集料粒径的2倍,槽壁与槽底垂直,清除下层表面的碎屑、杂物及粉尘后,喷洒$0.3 \sim 0.6 \text{ kg/m}^2$的粘层沥青,重新铺筑沥青面层。

(3)在交通量较小的街坊道路上,可采用冷拌的乳化沥青混合料找平或进行小面积的修补。

(4)由于基层原因形成的搓板,应对损坏的基层进行修补。

9.泛油

泛油是指表面处治和贯入式路面的表面基本上被一薄层沥青覆盖,未见或很少看到集料,路表光滑,容易引起行车滑溜交通事故,如图1-23所示。

1）泛油的原因分析

（1）表面处治和贯入式路面使用沥青标号不适当,针入度过大。

（2）沥青用量过多或集料撒布量过少。

（3）冬天施工,面层成形慢,集料散失过多。

2）泛油的预防措施

施工前,须根据本地区气候条件参照相关规范选定合适标号的沥青。

图 1-23　泛油

3）泛油的治理方法

在热天气温较高时进行处理最为有效。如轻微泛油,可撒布 3～5(8)mm 石屑或粗黄沙,撒布量以车轮不粘沥青为度;如泛油较严重,可先撒布 5～10(15) mm 集料,经行车碾压稳定后再撒布 3～5(8)mm 石屑或粗黄沙嵌缝。使用过程中,散失的集料须及时回扫或补撒集料。

10. 坑槽

坑槽是指表层局部松散,形成深度 2 cm 以上的凹槽。在水的侵蚀和行车的作用下,凹槽进一步扩大或相互连接,形成较大较深坑槽,严重影响行车的安全性和舒适性,如图 1-24所示。

1）坑槽的原因分析

（1）面层厚度不够,沥青混合料黏结力不佳,沥青加热温度过高,碾压不密实,在雨水和行车等作用下,面层材料性能日益恶化松散、开裂,逐步形成坑槽。

图 1-24　坑槽

（2）摊铺时,下层表面渥灰、垃圾未彻底清除,上下层不能有效黏结。

（3）路面罩面前,原有的坑槽、松散等病害未完全修复。

（4）养护不及时,当路面出现松散、脱皮、网裂等病害时,或被机械行驶刮铲损坏后未及时养护修复。

2）坑槽的预防措施

（1）沥青面层应具有足够的设计厚度,特别是上面层,不应小于施工压实层的最小压实度,以保证在行车荷载作用下有足够的抗力。沥青混合料配合比设计宜选用具有较高黏结力的较密实的级配。若采用空隙率较大的抗滑面层或使用酸性石料,宜使用改性沥青或在沥青中掺加一定量的抗剥落剂,以改善沥青和石料的黏附性能。

（2）沥青混合料拌制过程中,应严格掌握拌和时间、沥青用量及拌和温度,保证混合料的均匀性,以防温度过高使沥青发生焦枯。

（3）在摊铺沥青混合料面层前,下层应清扫干净,并均匀喷洒粘层沥青。面层摊铺时应按有关规范要求碾压密实。如在老路面上罩面,原路面上坑槽必须先行修补之后,再进行罩面。

（4）当路表面出现松散、脱皮、轻微网裂等可能使雨水下渗的病害，或路面因机械铲受损时，应及时修补以免病害扩展。

3）坑槽的治理方法

（1）如路基完好，坑槽深度仅涉及下面层的维修。

①确定所需修补的坑槽范围。一般可根据路面的情况使修补范围略大于坑槽的面积，呈方正状并与行车方向平行或垂直。

②若小面积的坑槽较多或较密，应将多个小坑槽合并确定修补范围。

③采用人工或机械的方法将修补范围内的面层削去，槽壁与槽底应垂直。槽底面应坚实，无松动现象，并使周围好的路面不受影响或松动损坏。

④将槽壁槽底的松动部分、损坏的碎块及杂物清扫干净，然后在槽壁和槽底表面均匀涂刷一层粘层沥青，用量为 $0.3 \sim 0.6 \ kg/m^2$。

⑤将与原面层材料级配基本相同的沥青混合料填入槽内，摊铺平整，并按槽深掌握好松铺系数。摊铺时要特别注意将槽壁四周的原沥青面层边缘压实铺平。

⑥用压实机具在摊铺好的沥青混合料上反复来回碾压至与原路面平齐。如坑槽较深而面积较小，无法用压实机具一次成形时，应分层铺筑，下层可采用人工夯实，上层则应用机械压实。

（2）如基层已损坏，须先将基层补强或重新铺筑。基层应坚实平整，没有松散现象。

（3）对于交通量较小的街坊道路，采用热拌沥青混合料材料有困难时，可用冷拌的乳化沥青混合料来修补面层，但须采用较密实的级配，并充分碾压，以防止雨水再次入渗。

11. 松散

松散是指面层集料之间的黏结力丧失或基本丧失，路表面可观察到成片悬浮的集料或小块粒料，面层的部分区域明显不成整体，干燥季节，在行车作用下可见轮后粉尘飞扬，如图 1-25 所示。

图 1-25　松散

1）松散的原因分析

（1）沥青混凝土中的沥青针入度偏小，黏结性能不良；混合料的沥青用量偏少；矿料潮湿或不洁净，与沥青黏结不牢；拌和时温度偏高，沥青焦枯；沥青老化或与酸性石料间的黏附性能不良，造成路面松散。

（2）摊铺施工时，未充分压实，或摊铺时沥青混凝土温度偏低；雨天摊铺，水膜降低了集料间的黏结力。

（3）基层强度不足，或呈湿软状态时摊铺沥青混凝土，在行车作用下可造成面层松散。

（4）在沥青路面使用过程中，溶解性油类的泄漏、雨雪水的渗入，降低了沥青的黏结性能。

2）松散的预防措施

（1）在使用酸性石料拌制沥青混合料时，需在沥青中掺入抗剥落剂或在填料中掺用适量的生石灰粉、干净消石灰、水泥，以提高沥青与酸性石料的黏附性能。

（2）在沥青混合料生产过程中，应选用标号合适的沥青和干净的集料，集料的含泥量不得超过规定的要求；集料在进入拌缸前应完全烘干并达到规定的温度；除按规定加入沥青外，还应在拌制过程中随时观察沥青混合料的外观，是否有因沥青含量偏少而呈暗淡无光泽的现象，拌制新的级配的沥青混合料时尤应加强观测；集料烘干加热时的温度一般控制在不超过 180 ℃，避免过高，否则会加快沥青中轻质油分的挥发，使沥青过早老化，影响沥青混凝土整体性。

（3）沥青混合料运到工地后应及时摊铺，及时碾压。摊铺温度及碾压温度偏低会降低沥青混合料面层的压实质量。摊铺后应及时按照有关施工技术规范要求碾压到规定的压实度，碾压结束时温度应不低于 70 ℃；应避免在气温低于 10 ℃或雨天施工。

（4）路面出现脱皮等轻微病害时，应及时修补。

3）松散的治理方法

将松散的面层清除，重铺沥青混凝土面层。如涉及基层，则应先对基层进行处理。

12. 脱皮

脱皮是指沥青路面上层与下层或旧路上的罩面层与原路面黏结不良，表面层呈块状或片状脱落，其形状、大小不等，严重时可成片，如图 1-26 所示。

图 1-26　脱皮

1）脱皮的原因分析

（1）摊铺时，下层表面潮湿或有泥土或灰尘等，降低了上下层之间的黏结力。

（2）旧路面上加罩沥青面层时，原路表面未凿毛，未喷洒粘层沥青，造成新面层与原路面黏结不良而脱皮。

（3）面层偏薄，厚度小于混合料集料最大粒径的 2 倍，难以碾压成形。

2）脱皮的预防措施

（1）在铺设沥青面层前，应彻底清除下层表面的泥土、杂物、浮尘等，并保持表面干燥，喷洒粘层沥青后，立即摊铺沥青混合料，使上下层黏结良好。

（2）在旧路面上加罩沥青面层时,原路面应用风镐或"十"字镐凿毛,有条件时,采用铣削机铣削,经清扫、喷洒粘层沥青后,再加罩面层。

（3）单层式或双层式面层的上层压实厚度必须大于集料粒径的 2 倍,以利于压实成形。

3）脱皮的治理方法

（1）脱皮较严重的路段,应将沥青面层全部削去,重新铺筑面层。

（2）脱皮面积较小,且交通量不大的街坊道路,可参照坑槽的治理方法进行修复。

（3）脱皮部位发现下层松软等病害时,可参照坑槽的治理方法对基层补强后修复。

13. 啃边

啃边是指路面边缘破损松散、脱落,如图 1-27 所示。

图 1-27　啃边

1）啃边的原因分析

（1）路边积水,使集料与沥青剥离、松散。

（2）路面边缘碾压不足,面层密度较差。

（3）路面边缘基层松软,强度不足,承载力差。

2）啃边的预防措施

（1）合理设计路面排水系统,注意日常养护,经常清除雨水口进水孔垃圾,使路面排水畅通。

（2）施工时,路面边缘应充分碾压,压实后的沥青层应与缘石齐平、密贴。因此,摊铺时要正确掌握上面层的松铺系数。

（3）基层宽度必须超出沥青层 20～30 cm,以改善路面受力条件。

3）啃边的治理方法

在啃边路段修补范围内,离沥青面层损坏边缘 5～10 cm 处画出标线,选择适用机具沿标线将面层材料挖除。经清扫后,在底面、侧面涂刷粘层沥青,然后按原路面的结构和材料进行修复。接缝处以热熔铁烫边,以使接缝紧密。

14. 光面

光面指路表面光滑,表面看不到粗集料或集料表面棱角已被磨除,在阴雨天气易出现行车滑溜交通事故,如图 1-28 所示。

图 1-28　光面

1) 光面的原因分析

(1) 上面层细集料或沥青用量偏多。

(2) 集料质地较软,磨耗大,易被汽车轮胎磨损。

2) 光面的预防措施

(1) 表面处治和贯入式路面所用的材料、规格和用量应符合表 1-6 和表 1-7 的规定。集料应具有较好的颗粒形状、较多的棱角。成形期间,集料散失时应及时补撒。

表 1-6　沥青表面处治材料规格和用量

沥青品种	路面类型	厚度（mm）	集料用量（m³/1 000 m²）						沥青或乳液用量（kg/m²）			
			第一层		第二层		第三层		第一次	第二次	第三次	合计用量
			规格	用量	规格	用量	规格	用量				
石油沥青	单层	1.0	S12	7~9					1.0~1.2			1.0~1.2
		1.5	S10	12~14					1.4~1.6			1.4~1.6
	双层	1.5	S10	12~14	S12	7~8			1.4~1.6	1.0~1.2		2.4~2.8
		2.0	S9	16~18	S12	7~8			1.6~1.8	1.0~1.2		2.6~3.0
		2.5	S8	18~20	S12	7~8			1.8~2.0	1.0~1.2		2.8~3.2
	三层	2.5	S8	18~20	S12	12~14	S12	7~8	1.6~1.8	1.2~1.4	1.0~1.2	3.8~4.4
		3.0	S6	20~22	S12	12~14	S12	7~8	1.8~2.0	1.2~1.4	1.0~1.2	4.0~4.6
乳化沥青	单层	0.5	S14	7~9					0.9~1.0			0.9~1.0
	双层	1.0	S12	9~11	S14	4~6			1.8~2.0	1.0~1.2		2.8~3.2
	三层	3.0	S6	20~22	S10	9~11	S12	4~6	2.0~2.2	1.8~2.0	1.0~1.2	4.8~5.4
							S14	3.5~4.5				

注:1. 煤沥青表面处治的沥青用量可比石油沥青用量增加 15%~20%;

　　2. 表中的乳液用量按乳化沥青的蒸发残留物含量的 60% 计算,如沥青含量不同应予折算;

　　3. 在高寒地区及干旱风沙大的地区,可超出高限 5%~10%。

表1-7　沥青贯入式路面材料规格和用量

(单位:集料用量,m³/1 000 m²;沥青及沥青乳液用量,kg/m²)

沥青品种	石油沥青					
厚度(cm)	4		5		6	
规格和用量	规格	用量	规格	用量	规格	用量
封层料	S14	3~5	14	3~5	S13(S14)	4~6
第三遍沥青		1.0~1.2		1.0~1.2		1.0~1.2
第二遍嵌缝料	S12	6~7	S11(S10)	10~12	S11(S10)	10~12
第二遍沥青		1.6~1.8		1.8~2.0		2.0~2.2
第一遍嵌缝料	S10(S9)	12~14	S8	12~14	S8(S6)	16~18
第一遍沥青		1.8~2.1		1.6~1.8		2.8~3.0
主层石料	S5	45~50	S4	55~60	S3(S4)	66~76
沥青总用量	4.4~5.1		5.2~5.8		5.8~6.4	

沥青品种	石油沥青				乳化沥青			
厚度(cm)	7		8		4		5	
规格和用量	规格	用量	规格	用量	规格	用量	规格	用量
封层料	S13(S14)	4~6	S13(S14)	4~6	S13(S14)	4~6	S14	4~6
第五遍沥青								0.8~1.0
第四遍嵌缝料							S14	5~6
第四遍沥青						0.8~1.0		1.2~1.4
第三遍嵌缝料					S14	5~6	S12	7~9
第三遍沥青		1.0~1.2		1.0~1.2		1.4~1.6		1.5~1.7
第二遍嵌缝料	S10(S11)	11~13	S10(S11)	11~13	S12	7~8	S10	9~11
第二遍沥青		2.4~2.6		2.6~2.8		1.6~1.8		1.6~1.8
第一遍嵌缝料	S6(S8)	18~20	S6(S8)	20~22	S9	12~14	S8	10~12
第一遍沥青		3.3~3.5		4.4~4.2		2.2~2.4		2.6~2.8
主层石料	S2	80~90	S1(S2)	95~100	S5	40~45	S4	50~55
沥青总用量	6.7~7.3		7.6~8.2		6.0~6.8		7.4~8.5	

注:1.煤沥青贯入式的沥青用量可较石油沥青用量增加15%~20%;

　　2.表中乳化沥青是指乳液的用量,并适用于乳液浓度约为60%的情况,如果浓度不同,用量应予换算;

　　3.在高寒地区及干旱、风沙大的地区,可超出高限5%~10%。

(2)沥青路面上面层混合料级配应符合《沥青路面施工及验收规范》规定,粒径小于(等于)2.36 mm(圆孔筛2.5 mm)和大于(等于)4.75 mm(圆孔筛5.0 mm)的含量必须严格控制在规范规定的容许范围内,以避免细集料过多;公路及主干路、次干路的上面层应采用细粒式或中粒式沥青混凝土。砂粒式沥青混凝土的最大粒径较小,细料较多,易形成光面,一般只用于非机动车道、人行道。

(3)采用具有足够强度、耐磨性好的集料修筑上面层。对于高速公路、一级公路城市和主干路,压碎值不大于28%,洛杉矶磨耗率不大于30%;用于其他等级道路时,压碎值不大于30%,洛杉矶磨耗率不大于40%。

3)光面的治理方法

(1)对表面处治和贯入式路面,可直接在光面上加罩封层,或用铣削机将表面层刨除、清扫后,进行封层。封层材料按规范要求选择。

(2)沥青混凝土路面,上面层经铣刨、清扫后,喷洒$0.3 \sim 0.6 \ kg/m^2$粘层沥青,然后铺筑细粒式或中粒式沥青混凝土上面层。

15. 与收水井、检查井衔接不顺

收水井、检查井井盖框高程比路面高或低,汽车通过时有跳车或抖动现象,行车不舒适,容易损坏路面,如图1-29所示。

图1-29　与收水井、检查井衔接不顺

1)与收水井、检查井衔接不顺的原因分析

(1)施工放样不仔细,收水井、检查井井盖框高程偏高或偏低,与路面衔接不齐平。

(2)收水井、检查井基础下沉。

(3)收水井、检查井周边回填土及路面压实不足,交通开放后,逐渐沉陷。

(4)井壁及管道接口渗水,使路基软化或淘空,加速下沉。

2)与收水井、检查井衔接不顺的预防措施

(1)施工前,必须按设计图纸做好放样工作,高程要准确,收水井、检查井中所在位置的高程与道路纵向高程、横坡相协调,避免出现高差。

(2)收水井、检查井的基础及墙身结构应合理设计,按相关规范施工,减少或防止下沉。

(3)井周边的回填土、路面结构必须充分压实。回填土压实有困难时,可采用水稳定性好、压缩性小的粒状材料或稳定类材料进行回填。

(4)在铺筑沥青混合料前,必须先在井壁涂刷粘层沥青,再铺筑面层,压实后,宜用热烙铁烫密封边,以防井壁渗水。

3)与收水井、检查井衔接不顺的治理方法

(1)当收水井、检查井高于路面时,可吊移盖框,降低井壁至合适标高后,再放上盖框,并处理好周边缝隙。

(2)当收水井、检查井低于路面时,可先将盖框吊开,以合适材料调平底座,调平材料达到强度后放上盖框。盖框安置妥当后,认真做好接缝处理工作,使接缝密封不渗水。

16. 施工段接缝明显

接缝歪斜不顺直;前后摊铺幅色差大、外观差;接缝不平整有高差,行车不舒适。

1)施工段接缝明显的原因分析

(1)在后铺筑沥青层时,未将前施工压实好的路幅边缘切除,或切线不顺直。

(2)前后施工的路幅材料有差别,如石料色泽深浅不一或级配不一致。

(3)后施工路幅的松铺系数未掌握好,偏大或偏小。

(4)接缝处碾压不密实。

2)施工段接缝明显的防治措施

(1)在同一个路段中,应采用同一料场的集料,避免色泽不一;上面层应采用同一种类型级配,混合料配合比要一致。

(2)纵、横冷接缝必须按有关施工技术规范处理好。在摊铺新料前,需将已压实的路面边缘塌斜部分用切削机切除,切线顺直,侧壁垂直,清扫碎粒料后,涂刷 $0.3 \sim 0.6 \ kg/m^2$ 粘层沥青,然后摊铺新料,并掌握好松铺系数。施工中及时用 3 m 直尺检查接缝处平整度,如不符合要求,趁混合料未冷却时进行处理。

(3)纵、横向接缝需采用合理的碾压工艺。在碾压纵向接缝时,压路机应先在已压实路面上行走,碾压新铺层 10 ~ 15 cm,然后压实新铺部分,再伸过已压实路面 10 ~ 15 cm。接缝必须得到充分压实,达到紧密、平顺的要求。

17. 压实度不足

压实度不足指压实未达到规范要求。在压实度不足的面层上,用手指甲或细木条对路表面的粒料进行拨挑时,粒料有松动或被挑起的现象。

1)压实度不足的原因分析

(1)碾压速度未掌握好,碾压方法有误。

(2)沥青混合料拌和温度过高,有焦枯现象,沥青丧失黏结力,虽经反复碾压,但面层整体性不好,仍呈半松散状态。

(3)碾压时面层沥青混合料温度偏低,沥青虽裹覆较好,但已逐渐失去黏性,沥青混合料在碾压时呈松散状态,难以压实成形。

(4)雨天施工时,沥青混合料内形成的水膜,影响矿料与沥青间黏结,以及沥青混合料碾压时,水分蒸发所形成封闭水汽,影响了路面有效压实。

(5)压实厚度过大或过小。

2)压实度不足的预防措施

(1)在碾压时应按初压、复压、终压 3 个阶段进行,行进速度必须慢而均匀。碾压速度应符合表1-8 的规定。

(2)碾压时驱动轮面向摊铺机方向前进,驱动轮在前,从动轮在后。

表 1-8　压路机碾压速度　　　　　　　　（单位:km/h）

压路机类型	初压		复压		终压	
	适宜	最大	适宜	最大	适宜	最大
钢筒式压路机	2~3	4	3~5	6	3~6	6
胶轮压路机	2~3	4	3~5	6	4~6	8
振动压路机	2~3 (静压或振动)	3 (静压或振动)	3~4.5 (振动)	5 (振动)	3~6 (静压)	6 (静压)

注:摘自《公路沥青路面施工技术规范》(JTG F40—2004)。

(3)沥青混合料拌制时,集料烘干温度要控制在 160~180 ℃,温度过高会使沥青出现焦枯现象,丧失黏结力,影响沥青混合料压实性和整体性。

(4)沥青混合料运到工地后应及时摊铺,及时碾压,碾压温度过低会使沥青的黏度提高,不易压实。应尽量避免在气温低于 10 ℃或在雨季施工。

(5)压实层最大厚度不得超过 10 cm,最小厚度应大于集料最大粒径 1.5 倍(中、下面层)或 2 倍上面层。压实度应符合规定。

3)压实度不足的治理方法

压实度不足的面层在使用过程中极易出现各种病害,一般应在铣削后重新铺筑热拌沥青混合料。

(四)沥青路面上封层

封层主要适用于提高原有路面的防水性能、平整度和抗滑性能的修复工作。

遇有下列情况时,应在沥青路面上铺筑上封层:

(1)沥青面层的空隙较大,透水严重;

(2)路面轻微裂缝,但路面强度能满足要求;

(3)需加铺磨耗层改善抗滑性能的旧沥青路面;

(4)按周期需进行预防性养护的沥青路面。

沥青路面上封层可采用下列类型:

(1)单层或多层式沥青表面处治;

(2)乳化沥青稀浆封层;

(3)微表处聚合物改性乳化沥青稀浆封层。

单层或多层式沥青表面处治应满足以下要求:

(1)用于路面裂缝病害的单层沥青表面处治厚度不应超过 15 mm;

(2)用于网裂病害的多层式表面处治厚度不应超过 30 mm;

(3)沥青表面处治宜在郊区道路上使用。

乳化沥青稀浆封层宜用于城镇次干路、支路工程,并应满足以下要求:

(1)稀浆封层不得作为路面补强层使用;

(2)稀浆封层施工时,其施工、养生期内的气温应高于 10 ℃,并不得在雨天施工;

(3)各种材料和施工方法应符合《路面稀浆封层施工规程》(CJJ 66—95)的规定。

微表处(聚合物改性乳化沥青稀浆封层)宜用于城镇快速路、主干路的上封层,并应满足以下要求:

(1)对原路面应进行整平处理;

(2)改性乳化沥青中的沥青应符合道路石油沥青标准;

(3)采用的集料应坚硬、耐磨、棱角多、表面粗糙、不含杂质,砂当量宜大于65%;

(4)微表处应采用稀浆封层摊铺机进行施工,施工方法和质量要求应符合《路面稀浆封层施工规程》(CJJ 66)的规定。

(五)沥青路面补强

沥青道路路面补强首先对原有沥青路面必须做全面的技术调查,调查内容应包括旧路破损及病害的程度,旧路的设计、施工养护技术资料。

沥青道路路面补强首先对原有沥青路面必须做全面的技术调查,调查内容应包括旧路破损及病害的程度,旧路的设计、施工养护技术资料,年平均双向日交通量、交通量增长率,旧路回弹弯沉测试值。

路面补强结构组合形式的选择应符合下列规定:

(1)对城镇快速路或主干路的补强,可采用半刚性基层加沥青混合料面层的结构形式。

(2)对次干路或支路的补强,在不提高道路等级的情况下,可采用单层或多层补强结构;如需提高道路等级,宜采用半刚性基层加沥青混合料面层的补强结构形式。

(3)在路口、港湾、码头、车站等地,沥青混凝土面层可采用粗粒式与中粒式或粗粒式与细粒式的组合结构,所使用沥青石屑的最大厚度不宜超过30 mm。

(4)面层选用SMA改性沥青混凝土时,其厚度不宜小于40 mm。

路面补强层的施工应符合下列规定:

(1)必须处理原有路面的病害损坏部位。

(2)当选用单层补强结构时,旧路面应做铣刨拉毛处理,并喷洒乳化沥青粘层油,待破乳后方可摊铺。

(3)对检查井、雨水口、缘石应采取防护措施,不得被乳化沥青污染。

(4)对沥青贯入式路面的整平处理及高程调整,不得扰动沥青碎石结构层。

二、水泥混凝土路面的养护

水泥混凝土路面是指以水泥混凝土为主要材料做面层的路面,简称混凝土路面,亦称刚性路面,俗称白色路面,是一种高级路面。水泥混凝土路面有素混凝土、钢筋混凝土、连续配筋混凝土、预应力混凝土等各种路面。

(一)水泥混凝土路面养护的要求

水泥混凝土路面的特点是在养护良好的条件下,使用年限比其他路面长。但如疏于养护,一旦开始破坏,会引起破损迅速发展,且修复困难。因此,必须认真巡查,若发现问题,应查明原因,采取针对性治理对策,进行及时有效的养护,才能发挥水泥混凝土路面使用寿命长的优点。

水泥混凝土路面检查的最佳时间是从初冬到初春的寒冷季节,因为路面的损坏处在冬季最明显,这时接缝和裂缝都最宽。同时,还可以在气温较好的温暖季节里安排必要的养护和维修工作。

水泥混凝土路面养护有:

(1)应加强日常巡查、小修、养护,对路面发生的病害及时进行处理,以及进行周期性的灌缝处理。

(2)按周期有计划地安排中修、大修、改扩建项目,提高道路的技术状况。

(3)水泥混凝土路面的大修、改扩建工程项目应进行专项工程设计。

(4)对Ⅰ、Ⅱ等养护的道路宜采用专用机械及相应的快速维修方法施工。

(5)水泥混凝土路面养护维修的常规和专用材料,应具有足够的强度、耐久性和稳定性。养护维修的主要材料应经过试验,并符合规范要求。

(二)水泥混凝土路面的日常养护

水泥混凝土路面日常养护:应做好预防性、经常性养护,通过经常的巡视检查,及早发现缺陷,查清原因,采取适当措施,清除障碍物,保持路面状况良好。

水泥混凝土路面必须经常清扫,保持路容整洁,清除路面泥土、污物。如有小石块应随时扫除,以免车辆碾压而破坏路面表面。冬季应及时清除冰雪。路肩与路面衔接应保持平顺,以利于排水,有条件时宜将其加固改善成硬路肩。

(1)水泥混凝土路面必须经常清除泥土、石块、砂砾等杂物,严禁在路面上拌和砂浆或混凝土等。

(2)对有化学制剂或油污污染的水泥混凝土路面应及时清洗。

(3)水泥混凝土路面缘石缺失应及时补齐。

(4)接缝的养护应符合下列要求:

①填缝料凸出板面时应及时处理,对城镇快速路、主干路不得超出板面,对次干路和支路超过 3 mm 时应铲平;

②杂物嵌入接缝时应予清除;

③填缝料外溢流淌到面板应予清除;

④填缝料的更换周期宜为 2~3 年;

⑤填缝料局部脱落时应进行灌缝填补,脱落缺失大于 1/3 缝长时应立即进行整条接缝的更换;

⑥清缝、灌缝宜使用专用机具,更换后的填缝料应与面板黏结牢固;

⑦填缝料技术要求应符合相关规范的规定;

⑧填缝料的更换宜选在春秋两季,或在当地年气温居中且较干燥的季节进行。

(三)裂缝维修

(1)对宽度小于 3 mm 的轻微裂缝,可采取扩缝灌浆,即顺着裂缝扩宽成 1.5~2.0 cm 的沟槽,扩缝补块的最小宽度不得小于 100 mm;槽深可根据裂缝深度确定,最大深度不得超过 2/3 板厚。将灌缝材料灌入扩缝内,灌缝材料固化后,达到通车强度,即可开放交通。

(2)对贯穿全厚的大于 3 mm、小于 15 mm 的中等裂缝,可采取条带罩面进行补缝,如图 1-30 所示。

(3)对宽度大于 15 mm 的严重裂缝,可采用全深度补块。全深度补块分为集料嵌锁

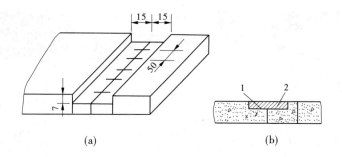

1—钯钉;2—新浇混凝土

图 1-30　条带补缝（单位:cm)

法(见图 1-31)、刨挖法(见图 1-32)、设置传力杆法(见图 1-33)。

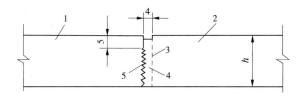

1—保留板;2—全深度补块;3—全深度锯缝;4—凿除混凝土;5—缩缝交错接面;h—混凝土面层厚度

图 1-31　集料嵌锁法（单位:cm)

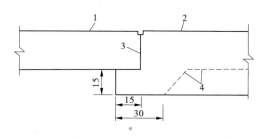

1—保留板;2—补块;3—全深度锯缝;4—垫层开挖线

图 1-32　刨挖法（单位:cm)

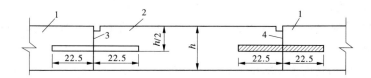

1—保留板;2—全深度补块;3—缩缝;4—施工缝;h—混凝土面层厚度

图 1-33　设置传力杆法（单位:cm)

(四)水泥混凝土路面常见病害分析

1. 龟裂

龟裂是指水泥混凝土路面表面产生网状、浅而细的发丝裂缝,呈小的六角形花纹,深度5~10 mm,如图 1-34 所示。

图 1-34　龟裂

1) 龟裂的原因分析

(1) 混凝土浇筑后,表面没有及时覆盖,在炎热或大风天气,表面游离水分蒸发过快,体积急剧收缩,导致开裂。

(2) 混凝土在拌制时水灰比过大;模板与垫层过于干燥,吸水量大。

(3) 混凝土配合比不合理,水泥用量或砂率过大。

(4) 混凝土表面过度振荡或抹平,使水泥和细骨料过多上浮至表面,导致缩裂。

2) 龟裂的预防措施

(1) 混凝土路面浇筑后,及时用潮湿材料覆盖,认真浇水养护,防止强风和暴晒。在炎热季节,必要时应搭棚施工。

(2) 配制混凝土时,应严格控制水灰比和水泥用量,选择合适的粗集料级配和砂率。

(3) 在浇筑混凝土路面时,将基层和模板浇水湿透,避免吸收混凝土中的水分。

(4) 干硬性混凝土采用平板振捣器时,防止过度振荡,使砂浆集聚表面。砂浆层厚度应控制在 2 ~ 5 mm。不必过度抹平。

3) 龟裂的治理方法

(1) 如混凝土在初凝前出现龟裂,可采用馒刀反复压抹或重新振捣的方法来消除,再加强湿润覆盖养护。

(2) 一般对结构强度无甚影响时,可不予处理。

(3) 必要时应用注浆进行表面涂层处理,封闭裂缝。

2. 横向裂缝

横向裂缝是指沿着与道路中线大致相垂直的方向产生的裂缝,这类裂缝往往在行车与温度的作用下逐渐扩展,最终贯穿板厚,如图 1-35 所示。

1) 横向裂缝的原因分析

(1) 混凝土路面锯缝不及时,由于温缩和干缩发生断裂。混凝土连续浇筑长度越长,浇筑时气温越高,基层表面越粗糙,越易断裂。

(2) 切缝深度过浅,由于横断面没有明显削弱,应力没有释放,因而在邻近缩缝处产

图 1-35　龟裂横向裂缝

生新的收缩缝。

（3）混凝土路面基础发生不均匀沉陷（如穿越河浜、沟槽,拓宽路段处）,导致板底脱空而断裂。

（4）混凝土路面板厚度与强度不足,在荷载和温度应力的作用下产生强度裂缝。

2）横向裂缝的预防措施

（1）严格掌握混凝土路面的切割时间,一般在抗压强度达到 10 MPa 左右即可切割,以边口切割整齐、无碎裂为度,尽可能及早进行。尤其是夏天,昼夜温差大,更需注意。

（2）当连续浇捣长度很长、锯缝设备不足时,可在 1/2 长度处先锯,之后再分段锯;在条件比较困难时,可间隔几十米设一条压缝,以减少收缩应力的积聚。

（3）保证基础稳定、无沉陷。在沟槽、河浜回填处必须按规范要求做到密实、均匀。

（4）混凝土路面的结构组合与厚度设计应满足交通需要,特别是重车、超重车的路段。

3）横向裂缝的治理方法

（1）当板块裂缝较大,咬合能力严重削弱时,则应局部反挖修补。先沿裂缝两侧一定范围画出标线,最小宽度不宜小于 1 m,标线应与中线垂直,然后沿缝锯齐,凿去标线间的混凝土,浇捣新混凝土。

（2）整个板块翻挖后重新铺筑新的混凝土板块。

（3）用聚合物灌浆法封缝或沿裂缝开槽嵌入弹性或刚性黏合修补材料,起封缝防水的作用,有一定的效果。

3. 纵向裂缝

纵向裂缝是指顺着道路中心方向出现的裂缝。这种裂缝一旦出现,经过一段营运时间后,往往会变成贯穿裂缝,如图 1-36 所示。

1）纵向裂缝的原因分析

（1）路基发生不均匀沉陷,如纵向沟槽下沉、路基拓宽部分沉陷、河浜回填沉陷、路堤

图 1-36　纵向裂缝

一侧降水等导致路面基础下沉,板块脱空而产生裂缝。

(2)由于基础不稳定,在行车荷载与水温的作用下,产生塑性变形,或者由于基层材料安定性不好(如钢渣结构层),产生膨胀,导致各种形式的开裂。纵缝亦是一种可能的形式。

(3)混凝土板厚度与基础强度不足、产生荷载型裂缝。

2)纵向裂缝的预防措施

(1)对于填方路基,应分层填筑、碾压,保证均匀、密实。

(2)在新、旧路基界面处应设置台阶或格栅,防止相对滑移。

(3)河滨地段,游泥务必彻底清除;沟槽地段,应采取措施保证回填材料有良好的水稳定性和压实度,以减少沉降。

(4)在上述地段应采用半刚性基层,并适当增加基层厚度(≥50 cm)。在拓宽路段应加强土基,使其具有略高于旧路的结构强度,并尽可能保证有一定厚度的基层能全幅铺筑。在容易发生沉陷地段,混凝土路面板应铺设钢筋网或改用沥青路面。

(5)混凝土板厚度与基层结构应按现行规范设计,以保证应有的强度和使用寿命。基层必须稳定,宜优先采用水泥、石灰稳定类基层。

3)纵向裂缝的处理方法

(1)出现裂缝后,必须查明原因,采取对策。

(2)如属于土基沉陷等原因引起的,则宜先从稳定土基开始修复,或者等待自然稳定后再修复。在过渡期可采取一些临时措施,如封缝防水;严重影响交通的板块,挖除后可用沥青混合料修复等。

(3)裂缝的修复,采用一般性的扩缝嵌填或浇注专用修补剂有一定效果,但耐久性不易保证。采用扩缝加筋的办法进行修补,具有较好的增强效果。

(4)翻挖重铺是一种常用的有效措施,但基层必须稳定可靠,否则必须从加强、稳定基层着手。

4.角隅断裂

角隅断裂是指混凝土路面板角处,沿与角隅等分线大致相垂直方向产生的断裂,在胀缝处特别容易发生。块角到裂缝两端距离小于横边长的一半,如图 1-37 所示。

图 1-37　角隅断裂

1) 角隅断裂的原因分析

(1) 角隅处于纵缝、横缝交叉处容易产生唧泥,形成脱空,导致角隅应力增大,产生断裂。

(2) 基础在行车荷载与水的综合作用下,逐步产生塑性变形累积,使角隅应力逐渐递增,导致断裂。

(3) 胀缝往往位于端模板处,拆模时容易损伤;而在下一相邻板块浇捣时,由于已浇板块强度有限,极易受伤,造成隐患,故此处角隅较易断裂。

2) 角隅断裂的预防措施

(1) 选用合适的填料,减少或防止接缝渗水。重视经常性的接缝养护,使接缝处于良好防水状态。

(2) 采用抗冲刷、水稳定性好的材料,如水泥稳定料作基层,以减少冲刷与塑性变形。

(3) 混凝土路面拆模与浇捣时,要防止角隅损伤并注意充分捣实。

(4) 胀缝处角隅应采用角隅钢筋补强。

3) 角隅断裂的治理方法

若裂缝较小,可采用灌浆法封闭裂缝,继续使用;若板角松动,则可以沿裂缝锯齐凿去板块后,采用具有良好黏结性能的混凝土进行修补。

5. 检查井周围裂缝

在检查井或收水井周边转角处呈现放射线裂缝,或在检查井周边呈现纵、横向裂缝。

1) 检查井周围裂缝的原因分析

(1) 在水泥混凝土路面板中设置检查井或集水井,使混凝土板纵、横截面面积减小。同时,板中孔穴的存在,造成应力集中,大大增加了井周边特别是转角处的温度和荷载应力。

(2) 井体在使用过程中,基础和回填土的沉降使板体产生附加应力。

(3) 在井周边的混凝土板所受的综合疲劳应力大于混凝土路面设计抗折强度而产生

裂纹。

2）检查井周围裂缝的预防措施

（1）合理布置检查井的位置，如将其骑在横缝上；当检查井离板纵、横向小于 1 m 时，将窨井上的板块放大至板边，这样布置有助于减少裂缝的形成。

（2）井基础和结构要加围，回填土要密实稳定，使井及周边不易沉降，减小附加应力。

（3）井周围的混凝土板块用钢筋加固或用抗裂性优良的钢纤维混凝土替代，以抑制混凝土裂缝发生或控制裂缝的宽度。

3）检查井周围裂缝的治理方法

（1）如裂缝缝宽小，仍能传递荷载，可不维修。

（2）如裂缝较宽，咬合力削弱较大，则可采用黏结法，即沿裂缝全深度扩缝，选择适用灌浆材料进行填充缝修补，使板体恢复整体功能。

（3）如属于严重裂缝，则可采用翻修法，即将部分或整块检查井周围混凝土板全部凿除，必要时对基层进行处理后，重新浇筑新的混凝土。

6. 露石

露石又称露骨，是指混凝土路面在行车作用下水泥砂浆磨损或剥落后石子裸露的现象，如图 1-38 所示。

图 1-38　露石

1）露石的原因分析

（1）由于施工时混合料坍落度小，夏季施工时失水快，或掺入早强剂不当，在平板振荡后，混凝土就开始凝结，以致待辊筒滚压和收水时石子已压不下去，抹平后，石子露出表面。

（2）水泥混凝土的水灰比过大或水泥的耐磨性差，用量不足，使混凝土表面砂浆层的强度和磨耗性差，在行车作用下很快磨损或剥落，形成露石。

2）露石的防治措施

（1）严格控制混凝土的水灰比和施工坍落度；合理使用外加剂，使用前应进行试验；组织好混合料的供应和施工，防止坍落度损失过快。夏季施工时，现场要设遮阳棚。

（2）按规范要求，选择好水泥、砂等原材料，根据使用要求及施工工艺，确定合理配比，掌握好用水量。

（3）应用黏结性良好的结合料,如聚合物水泥砂浆或新加坡 RP 道路修补剂对水泥混凝土路面露骨部分进行罩面修补。

7.蜂窝

水泥混凝土板体侧面存在明显的孔穴,大小不一,状如蜂窝,如图 1-39 所示。

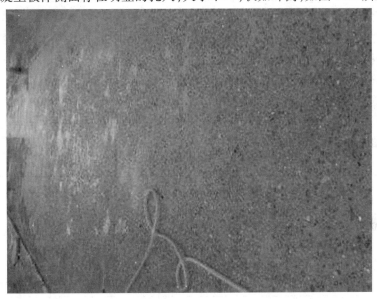

图 1-39　蜂窝

1)蜂窝的原因分析

（1）施工振捣不足,甚至漏振,使混凝土颗粒间的空隙未能被砂浆填满。特别是在模板处,颗粒移动阻力大,更易出现蜂窝。

（2）模板漏浆造成侧面蜂窝。

2)蜂窝的防治措施

（1）严格控制混合料坍落度,并配以相应的捣实设备,保证有效地捣实。

（2）沿模板边的混凝土灌实,先用插入式振捣器仔细振捣,不得漏振,再用平板式振捣器（路用商品混凝土可不用）振实。

（3）模板要有足够的刚度和稳定性,不得有空隙,如发现模板有空,应予堵塞,防止漏浆。

（4）模板拆除后,及时修补。为了使色泽统一,可用道路混凝土除去石子后的砂浆进行修补。

8.胀缝不贯通

胀缝不贯通是指混凝土路面胀缝在厚度和水平方向不贯通。

1)胀缝不贯通的原因分析

（1）浇捣前仓混凝土时胀缝处封头板底部漏浆,拆除填充头板时没有将漏浆清除,造成前后仓混凝土联结。

（2）接缝板尺寸不足,两侧不能紧靠边模板;胀缝处上下接缝板,在施工过程中发生相对移位,致使在浇捣后一仓混凝土时大量砂浆挤进,使前后仓混凝土联结。

(3)当胀缝采用切缝时,切缝深度不足,没有切到接缝板顶面,造成混凝土联结。

2)胀缝不贯通的防治措施

(1)封头板要与侧面模板、底面基层接触紧密,要有足够的刚度和稳定性,在浇捣混凝土时不得有走动和漏浆现象。

(2)在浇捣后一仓混凝土前,应将胀缝处清理干净,确保基层平整,接缝板摆放时要贴紧模板和基层,不得有空隙,以免漏浆。

(3)锯缝后应检查是否露出嵌缝板,否则继续锯直至露出嵌缝板。

(4)接缝板质量应符合设计规范要求。

(5)若发现胀缝不贯通,应由人工整理顺通,并做好回填与封缝。

接缝板的技术要求见表1-9。

表1-9　接缝板的技术要求

实验项目	接缝板种类			备注
	木材料	塑料泡沫类	纤维类	
压缩应力(MPa)	5.0 ~ 20.0	0.2 ~ 0.6	2.0 ~ 10.0	
复原率(%)	>55	>90	>65	吸水后不应小于不吸水的90%
挤出量(mm)	<5.5	<5.0	<4.0	
弯曲荷载(N)	100 ~ 400	0 ~ 50	5 ~ 40	

9. 摩擦系数不足

水泥混凝土路面光滑,摩擦系数低于设计标准或养护要求。

1)摩擦系数不足的原因分析

(1)水泥混凝土路面水泥砂浆层较厚,而砂浆中的砂偏细,质地偏软易磨,致使光滑。

(2)混凝土坍落度及水泥用量大,经振荡后,路表汇集砂浆过多,经行车碾磨后,形成光滑面。

(3)路面施工时,抹面过光,又未采取拉毛措施。

(4)路面使用时间较长,由于自然磨损而磨光。

2)摩擦系数不足的预防措施

(1)严格按规范要求控制现拌或路用商品混凝土的水灰比与坍落度及水泥、黄沙等原材料的质量。

(2)在混凝土路面施工过程中应采取拉毛、刻槽等防滑措施。

(3)如采用裸骨法施工防滑路面,则对石料的磨光值应有严格要求,如 PSV(石料磨光值)≥42。

3)摩擦系数不足的治理方法

(1)用表面刻槽来提高路面的摩擦系数。刻槽可为 3 mm 宽、4 mm 深的窄缝,间距 30 ~ 55 mm,效果比较显著。

（2）在磨光的表面用各种类型道路修补剂的罩面，同时采取相应防滑措施。重要的是，保证上下面良好黏结。

（3）铺设沥青罩面层是一项比较可行、有效的措施，但需要一定厚度，以保证层间良好黏结。沥青面层上的反射裂缝是尚待解决的问题。

10.传力杆失效

传力杆失效是指胀缝或缩缝处传力杆不能正常传递荷载而在接缝一侧板上产生裂缝或碎裂。胀缝处传力杆失效最为普遍，较为严重。

1）传力杆失效的原因分析

（1）混凝土路面施工过程中，传力杆垂直与水平向位置不准，或振捣时发生移动；传力杆滑动端与混凝土黏结，不能自由伸缩；对胀缝传力杆端部未加套子留足空隙。这些病害都使混凝土板的伸缩受阻，导致接缝一侧板被挤碎、拉裂，传力杆不能正常传递荷载。

（2）胀缝被砂浆或其他嵌入物堵塞，造成胀缝胀裂，使传力杆失效。

2）传力杆失效的防治措施

（1）胀缝处滑动传力杆应采用支架固定；传力杆穿过封头板上预设的孔洞，两端用支架固定。先浇传力杆下部混凝土，放上传力杆，正确固定后，再浇上部混凝土。传力杆水平，垂直方向误差应不大于3 mm。浇捣时要检查传力杆是否移动，发现问题及时纠正。拆除封头板后，如传力杆有偏差，应采用人工整理顺直。

（2）传力杆必须涂刷沥青，防止黏结；胀缝传力杆在滑动端必须设10 cm长的小套管，留足3 cm空隙。严防套管破损，砂浆流入，堵塞空隙。

（3）防止施工及使用过程中，胀缝被砂浆石子堵塞。

（4）如接缝处混凝土已破碎，可以首先凿除破碎混凝土，然后重新设置或校正传力杆，再浇筑混凝土。

11.错台

在混凝土路面接缝或裂缝处，两边的路面存在台阶，车辆通过时发生跳车，影响行车舒适性和安全性。这种现象称为错台，发生在通车一定时期以后。

1）错台的原因分析

（1）雨水沿接缝或裂缝渗入基层，冲刷基层，形成很多粉细料。在行车荷载作用下，发生唧泥，同时相邻板块之间产生抽吸作用，使细料向后方板移动、堆集，造成前板低、后板高的错台现象，如图1-40所示。

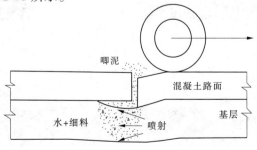

图1-40　混凝土路面错台

(2)基础不均匀沉降,使相邻板块或断裂块产生相应的沉降,导致缝的两侧形成台阶。

(3)基层抗冲刷能力差;基层表面采用砂或石屑等松散细集料作整平层。

2)错台的预防措施

(1)填缝材料质量应符合要求,以减少渗水和冲刷。

(2)基层应采用耐冲刷材料如水泥稳定粒料,基层表面应平整、坚实,不得用松散细集料整平。

(3)设计路面结构时,应增设结构层内部排水系统,减少水的侵蚀。采用硬路肩,防止细料从路肩渗入缝内,减少细料的移动、堆集。

(4)在易产生不均匀沉降的地段,应进行加固,并宜采用较厚的半刚性基层(如 50 cm 以上)和钢筋混凝土板。

3)错台的治理方法

(1)错台高差为 0.5～1 cm 时,采用切削法修补。使用带扁头的风镐,均匀地将高处凿下去并与邻板齐平。

(2)当错台高低落差大于 1.0 cm 时,采用凿低补平罩面法修补。将低下去的一侧水泥板凿去 1～2 cm,使用具有良好黏结力的混凝土材料罩平。修补长度按错台高度除以 1.0% 坡度计算。

(3)如错台引起碎裂,则应锯切 1 m 以上宽度,同时安设传力杆或校正传力杆位置,重浇混凝土板块。

12. 拱胀

混凝土路面在接缝处拱起,严重时混凝土发生碎裂,如图 1-41、图 1-42 所示。

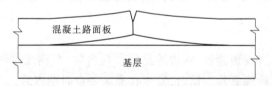

图 1-41　混凝土路面拱胀断面示意图

图 1-42　混凝土路面拱胀

1）拱胀的原因分析

（1）胀缝被砂、石、杂物堵塞，使板伸胀受阻。

（2）胀缝设置的传力杆水平、垂直向偏差大，使板伸胀受阻。

（3）长胀缝混凝土板在小弯道、陡坡处，以及厚度较薄时，易发生纵向的失稳，引起拱胀。

（4）长胀缝拱胀的发生与施工季节、连续铺筑长度、基层与面板之间的摩阻力等因素有关。在旧的沥青路面上铺筑混凝土板较易拱胀。

（5）基层中存在生石灰及不稳定的废渣（如钢渣），亦会导致路面拱胀，但这种拱胀不一定在接缝处。

2）拱胀的预防措施

（1）填缝料应符合规范要求，严格操作规程，使异物不易嵌入，保证应有的胀缝间隙。

（2）传力杆设置要正确定位，水平、垂直方向偏差应不大于 3 mm，并防止施工过程中的移动。传力杆滑动部分必须按要求操作，防止水泥浆浸入和粘连，传力杆端部要有足够空隙，以利于热胀。

（3）胀缝的设置长度要根据规范规定与当地的实践经验，并考虑气象条件、施工季节、板厚、基层，以及平面、纵断面情况综合论定。

3）拱胀的治理方法

（1）一旦出现拱胀，立即锯切拱起部分，宽度约 1 m，全深度切割、挖除。重新铺设等厚度、同标号钢筋混凝土板。由于通常发生在夏季，故板间适当留有缝隙即可。

（2）如因基层不稳定而产生拱起，则根据情况，可以先置换基层或消除不稳定材料后，再用等强度、等厚度混凝土捣实整平。

13. 脱空与唧泥

在车辆荷载作用下，路面板产生明显的翘起或下沉，这表示混凝土路面板与基础已部分脱空。在车辆荷载作用下，雨后基层中的细料从接缝或裂缝处与水一同喷出，并在接缝或裂缝附近有污迹存在，这就是唧泥现象，如图 1-43 所示。

图 1-43　脱空与唧泥

1）脱空与唧泥的原因分析

（1）雨水沿接缝或裂缝渗入基层，冲刷基层，形成很多粉细料。在行车荷载作用下，发生唧泥，同时相邻板块之间产生抽吸作用，使细料向后方板移动、堆集，造成前板低、后板高的现象。

（2）基础不均匀沉降，使相邻板块或断裂块产生相应的沉降，导致缝的两侧形成台阶。

（3）基层抗冲刷能力差；基层表面采用砂或石屑等松散细集料作整平层。

2）脱空与唧泥的预防措施

为预防唧泥的产生，应采取措施防止水对路面基层的侵入。因此，应保持路面和路肩设计横坡，并铺设硬路肩。对路面裂缝、接缝及路面与硬路肩接缝应进行密封。设置纵向积水管和横向出水管及盲沟，将水尽快排出，减少水对路面基层的浸泡。

3）脱空与唧泥的治理方法

对于因裂缝产生的板底脱空和唧泥，可采用压力注浆法进行修复。

（1）对于水泥混凝土路面板块脱空，可采用弯沉仪、探地雷达等设备测定。其弯沉值超过 0.2 mm 时应确定为面板脱空。

（2）对于水泥混凝土路面板块脱空，可采用沥青、水泥浆、水泥粉煤灰浆和水泥砂浆灌注等方法进行板下封堵，其灌浆孔布置如图 1-44 所示。

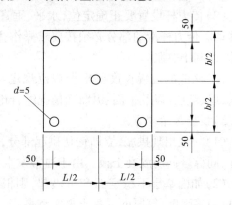

图 1-44　灌浆孔布置　（单位：cm）

14. 填缝料损坏

填缝料剥落、挤出、老化碎裂。

1）填缝料损坏的原因分析

（1）填缝料质量差，如黏结强度低、延伸率小及弹性差、不耐老化等。

（2）混凝土路面填缝料施工时，黏结面没有处理好，如缝壁有泥灰，潮湿等，影响填缝料与缝壁的黏结，造成填缝料剥落、挤出。

（3）接缝缺少应有的养护、更换。

2）填缝料损坏的防治措施

（1）用优质的填缝料。填缝料的性能应符合规范要求（见表 1-10、表 1-11）。

表 1-10　加热施工式填缝料的技术要求

试验项目	低弹性型	高弹性型	试验项目	低弹性型	高弹性型
针入度（锥针法，mm）	<5	<9	流动度（mm）	<5	<2
弹性（复原率，%）	>30	>60	拉伸量（mm）	>5	>15

注：低弹性填缝料适用于公路等级较低的混凝土路面的接缝和公路等级较高的混凝土路面的缩缝；高弹性填缝料适用于公路等级较高的混凝土路面的胀缝和高速公路混凝土路面的接缝。

表 1-11　常温施工式填缝料的技术要求

试验项目	技术要求	试验项目	技术要求
贯入稠度(s)	<20	流动度(mm)	0
失粘时间(h)	6~24	拉伸量(mm)	>15
弹性(复原率,%)	>75		

注:常温施工式填缝料有聚氨酯焦油类、氯丁橡胶类、乳化沥青橡胶类等。质量得不到保证,使得板边在车轮荷载反复作用下易被压碎。

(2)在混凝土路面填缝料施工过程中,应严格按照操作要求进行施工。对施工断面进行严格处理,确保缝壁洁净、干燥,与填缝料黏结良好,不脱落、挤出。

(3)填缝料损坏后,应铲去填缝料,用钢丝刷子将缝壁刷净,用压缩空气彻底清除残料,然后在缝壁涂刷一层沥青,再浇灌填缝料。

(4)加强养护,在雨季来临前应进行检查、养护、更换,使其保持良好的黏结状态和防水能力。

15.接缝剥落、碎裂

水泥混凝土路面纵横接缝两侧50 cm宽度内,板边碎裂,裂缝面与板面成一定角度,但未贯通板厚。

1)接缝剥落、碎裂的原因分析

(1)胀缝被泥沙、碎石等杂物堵塞或传力杆设置不当,阻碍了板块热膨胀,过大的温度应力使板边胀裂。胀缝的碎裂深度往往可达板厚的一半,表面纵向延伸宽度可达30~50 cm。

(2)缩缝使混凝土板形成临空面,再加上填缝料质量不保证,使得板边在车轮荷载的反复作用下易被压碎。

(3)切缝时间过早或采用压缝,使缝边受到损伤,导致日后破坏。

2)接缝剥落、碎裂的防治措施

(1)施工时要保证胀缝正确安置、移动自如;缝内的水泥砂浆及碎石应彻底清除;设置符合要求的接缝板与填缝料。

(2)在混凝土路面浇筑后,应适时对路面进行切缝,避免过早开锯而损伤缝边。少用压缝。

(3)保证混凝土具有应有的设计强度。

(4)重视接缝的经常性养护。

3)接缝剥落、碎裂的治理方法

(1)接缝填缝料损坏后的维修方法如下:

①清除接缝中的旧填缝料和杂物,并将缝内灰尘吹净。

②在胀缝修理时,应先用热沥青涂刷缝壁,再将接缝板压入缝内。对接缝板接头及接缝板与传力杆之间的间隙,必须用沥青或其他填缝料填实抹平。上部用嵌缝条的应及时嵌入嵌缝条。

③当纵向接缝张开宽度在10 mm及以下时,宜采用加热式填缝料。用加热式填缝料

修补时,必须将填缝料加热至灌入温度。用嵌缝机填灌时,填缝料应与缝壁黏结良好,填灌泡满。在气温较低季节施工时,应先用喷灯将接缝预热。

(2)纵向接缝张开的维修方法如下:

①当相邻车道面板横向位移,纵向接缝张开宽度在 10 mm 以下时,宜采取聚氯乙烯胶泥、焦油类填缝料和橡胶沥青等加热施工式填缝料维修。

②当相邻车道面板横向位移,纵向接缝张口宽度在 10 mm 以上时,宜采取聚氨酯类常温施工式填缝料维修。当纵向接缝张开宽度超过 15 mm 时,可采用沥青砂填缝。

(3)接缝出现碎裂时,将破碎部位外缘切割成规则图形,其周围切割面垂直于面板,底面为平面。清除干净后,用高模量补强材料填充维修。修补材料达到通车强度后,方可开放交通。

三、其他路面的养护

(一)块石铺砌路面的养护

块石铺砌路面一般设置基层、垫层(整平层),且强度满足交通荷载要求,石块之间采用填缝料嵌填密实。

(1)块石铺砌路面的养护应符合下列规定:

①应保持路面整洁;

②填缝应保证饱满;

③填缝料破碎时应重新勾缝;

④春季和雨季应增加巡检次数,排水系统应通畅。

(2)块石铺砌路面的维修应符合下列规定:

①当发现路面边缘损坏、低洼沉陷、路面隆起、坑洞、错台时,应及时维修;

②当基层强度不足而造成路面损坏时,应清除软弱基层,换填新的基层材料,再恢复面层;

③更新的块石材质,其规格应与原路面一致;

④施工时整平层砂浆应饱满,严禁在块石下垫碎砖、石屑找平;

⑤铺砌后的块石应夯平实,并应采用小于 5 mm 的砂砾填缝。

(3)当块石路面粗糙条纹深度小于 2 mm 时,应凿毛处理,条纹应垂直于路面,间距宜为 10 ~ 30 mm,深度宜为 3 ~ 5 mm。

(4)在广场、步行街的块石路面(花岗石、大理石),不宜采用抛光、机刨的石材。

(二)水泥混凝土预制砌块路面的养护

(1)砌块路面的小修应包括下列内容:

①局部砌块的松动、缺损、错台;

②局部沉陷、压碎,检查井四周烂边;

③砌块路面上的局部掘路修复工作。

(2)当砌块路面出现下列情况时,应及时安排中修或大修工程:

①纵横坡度不满足设计要求,出现大面积积水;

②砌块的路面状况指数(PCI)小于 50;

③彩色砌块颜色大面积脱落。

(3)大中修工程必须进行施工维修设计或施工方案设计。

(4)局部更换的砌块,其颜色、图案、材质、规格宜与原路面一致,路面砖强度和最小厚度应符合规定。

(5)当选用砌块的长边与厚度之比大于或等于 5 时,除应满足上述规定外,其抗折强度不得低于 4.0 MPa。

(6)当选用彩色砌块时,其颜料应符合《混凝土和砂浆用颜料及其试验方法》(JC/T 539—1994)的规定。砌块的防滑指标 BPN 不得小于 60,砌块的渗透指标应大于或等于 50 mL/min。寒冷地区应增加冻融试验。

(7)砌块路面的外观质量应符合下列规定:

①铺砌必须平整、稳定,灌缝应饱满,不得有翘动现象;

②面层与其他构筑物应接顺,不得有积水现象。

第四节　人行道及附属设施的维修与养护

一、一般规定

(一)基本组成

人行道养护应包括人行道基层、面层及人行道无障碍设施、人行道缘石、树池和踏步等。

附属设施养护应包括分隔带、护栏、标志牌、检查井、雨水口、涵洞。

(二)人行道及附属设施的检查内容

1.人行道的检查内容

人行道在使用过程中应该处于完好状态,人行道的检查内容如下:

(1)表面是否平整,有无积水,砌块是否松动、残缺,相邻块高差是否符合要求;

(2)缘石、踏步是否稳定牢固,有无缺失;

(3)树池框是否凸起、残缺;

(4)人行道上检查井是否凸起、沉陷,检查井盖有无缺失;

(5)盲道上的导向砖、止步砖位置是否安装正确。

2.附属设施的检查内容

(1)附属设施的位置是否正确,有无被路树遮蔽的现象。

(2)附属设施的表面是否清洁、齐整。

(3)各种立柱是否竖直并稳定。

(4)金属构件表面的油漆是否完好。

(5)绿带式隔离带的侧石是否稳固、直顺、完整,绿带内是否整洁,树枝有无影响行车或遮挡交通标志。

(6)墙式及垛式防护栏的结构是否稳固、有效。

(7)各类交通标牌字迹是否清晰、完整。

（三）人行道及附属设施的日常检查

对城市人行道及附属设施的经常性巡查属详细检查，每月进行一次。定期检查时要使用测量工具详细地检查人行道及附属设施的病害，同时做好检查内容的记录，发现病害应及时修复。

二、人行道面层养护

人行道面层砌块铺装必须设置足够强度的基层和垫层，垫层材料可采用干砂、石屑、石灰砂浆、水泥砂浆等。人行道面层砌块分为振捣成型、挤压成型和加工的石材三类。面层砌块如发现松动，应及时补充填缝料，充填稳固；如垫层不平，应重新铺砌。面层砌块缝隙应填灌饱满，砌块排列应整齐，面层应稳固平整，排水应通畅。人行道面层砌块应具有防滑性能，其材质标准应符合表1-12的要求。

表1-12　人行道面层砌块材质标准

项目	技术要求
抗折强度（MPa）	不低于设计要求
抗压强度（MPa）	≥30
对角线长度（mm）	±3（边长＞350），±2（边长＜350）
厚度（mm）	±3（厚度＞80），±2（厚度＜80）
边长（mm）	±3（边长＞250），±2（边长＜250）
缺边掉角长度（mm）	≤10（边长＞250），≤5（边长＜250）
其他	颜色一致，无蜂窝、露石、脱皮、裂缝等

（一）面层养护的内容

（1）砌块填缝料散失的补充。

（2）路面砖松动、破损、错台、凸起或凹陷的维修。

（3）较大面积的沉陷、隆起或错台、破损的维修。

（4）检查井沉陷和凸起的维修。

（二）面层养护的相关规定

（1）更换的砌块色彩、强度、块型、尺寸均应与原面层砌块一致。

（2）面层砌块发生错台、凸出、沉陷时，应将其取出，整理垫层，重新铺装面层，填缝。修理的部位应与周围的面层砌块砖相接平顺。

（3）对因基层强度不足产生的沉陷、破碎损坏，应先加固基层，再铺砌面层砌块。

（4）砌块的修补部位宜大于损坏部位一整砖。

（5）检查井周围或与构筑物接壤的砌块宜切块补齐，不宜切块补齐的部分应及时填补平整。

（6）盲道砌块缺失、损坏应及时修补。提示盲道的块型、位置应安装正确。

沥青混凝土人行道的养护要求和沥青混凝土路面的养护要求相同。水泥混凝土人行道的养护要求和水泥混凝土路面的养护要求相同。

三、人行道基础养护

人行道两侧立缘石不得缺失。形成坑槽的路面砖及安装电话亭、报箱、灯杆、工作排架等形成的洞穴,应及时修补。当人行道变形下沉和拱胀凸起时,应对基础进行维修。

当修复挖掘的人行道基础时,应符合下列规定:

(1)沟槽回填的最小宽度应满足夯实机械的最小工作宽度,且不得小于 600 mm;应分层回填夯实,分层的厚度应小于夯实机械最大振实厚度。

(2)当不能满足回填最小宽度时,可采用灌注混凝土等方法回填密实。

(3)沟槽回填应高于原路床,夯实后再整平,恢复面层。

人行道基础维修质量应符合表 1-13 的规定。

表 1-13　人行道基础维修质量标准

项目		技术要求	检验频率		检查方法(取最大值)
			范围	点数	
压实度(重型击实)	路基	≥90	20 m	1	灌砂法 环刀法
	基层	≥93%			
平整度		≤10 mm			3 m 直尺
厚度		±10 mm			钢尺
宽度		不小于设计规定			钢尺
横坡		±0.3%			水准仪

四、人行道缘石养护

缘石的日常养护:应保持清洁,冬季应及时清除含有盐类、除雪剂的融雪;混凝土缘石应经常保持稳固、直顺,若发生挤压变形,更换的缘石规格、材质应与原路缘石一致。

对于花岗石、大理石类的缘石,其缝宽不得小于 3 mm,最大缝宽不得超过 10 mm。

当道路翻修、人行道改造时,砌筑缘石应采取 C15 水泥混凝土做立缘石背填。

人行道缘石技术要求应符合表 1-14。

表 1-14　人行道缘石技术要求

项目	技术要求
抗折强度(MPa)	不低于设计要求
抗压强度(MPa)	≥30
长度(mm)	±5
宽度与厚度(mm)	±2
缺边掉角(mm)	<20,外露面、边、棱角完整
其他	颜色一致,无蜂窝、露石、脱皮、裂缝等

人行道缘石养护质量标准见表 1-15。

表 1-15　人行道缘石养护质量标准

项目	技术要求	检验频率		检查方法（取最大值）
		范围	点数	
平顺度	≤10 mm	20 m	1	20 m 小线
相邻块高度	≤10 mm	20 m	3	钢尺
缝宽	±2 mm	20 m	1	钢尺
高程	±10 mm	20 m	1	水准仪

五、踏步、树池养护

（一）人行道踏步养护

维修踏步每阶高度应一致。当踏步顶面为贴面时，应具有防滑性能。踏步破损或失稳，应及时维修。

（二）人行道树池养护

人行道树池尺寸应根据步道宽度确定，且不得小于 1 m×1 m；未绿化的人行道预留的树池，树池边框距路缘石的间距（宜大于 300 mm）。树池的养护应符合下列规定：

（1）树池边框应与人行道相接平整。

（2）混凝土树池出现剥落、露筋、翘角、拱胀变形，铸铁类、再生塑料类的树池出现断裂、缺失，应及时维修更换。

六、分隔带、护栏、路铭牌、指示牌养护

（一）分隔带的养护

分隔带应保持整齐、清洁，无缺损。当损坏或丢失时，应按原设计的样式、颜色及时修补。

对于防撞墩类分隔带，应保持整齐、醒目，定期清洗。对于路缘石类分隔带，应按路缘石维修标准进行检查、维护。

（二）护栏的养护

护栏应保持整齐、清洁，无缺损。当损坏或丢失时，应按原设计的样式、颜色及时修补。

金属类护栏，宜定期清洗。当油漆脱落面积较大，有锈蚀现象时，应重新刷涂油漆。

（三）路铭牌、指示牌的养护

道路的起点、终点与主要道路的交叉口处应设置路铭牌。路铭牌应设置在路口曲线起点上；路铭牌、指示牌等设施，不得安设在路口无障碍坡道上，不得妨碍行人正常通行。

路铭牌、指示牌应保持整齐、清洁。牌底距地面高度应大于 2 m，立杆埋设应距路缘石约 0.3 m，并应垂直于地面，深度不得小于 0.5 m。

路铭牌、指示牌出现松动或倾斜等现象时应及时进行修复，对严重破损的路铭牌应及时更换。

七、检查井、雨水口、涵洞养护

(一)检查井及雨水口的养护

(1)路面上的检查井井盖、雨水口,应安装牢固并保持与路面平顺相接。

(2)检查井、雨水口的井座砌筑砂浆强度不应小于 20 MPa。

(3)检查井井座与路面的安装高差,应控制在 ±5 mm 之间。

(4)雨水口的安装高度应低于该处路面标高 20 mm。应在雨水口向外不小于 1 m 范围内顺坡找齐。

(5)改建或增设的雨水口,其连接管坡度不应小于1%,长度应小于25 m,深度宜为0.7 m。

(二)检查井及雨水口的维护要求

检查井井座、雨水口出现松动,或发现井座、井盖、井箅断裂、丢失时,应立即维修补装完整;检查井及其周围路面1.5 m×1.5 m 范围内不得出现沉陷或突起。检查井、雨水口如出现沉陷,应符合下列规定:

(1)井筒腐蚀、损坏或井墙塌帮,应拆除到完好界面重新砌筑。

(2)砌筑材料宜采用页岩砖、建筑砌块或预制混凝土。

(3)整平、调整井口高度时不得使用碎砖、卵石或土块支垫。

维修后的检查井、雨水口,在修补路面以前,井座周围、面层以下道路结构部分应夯填密实,其强度和稳定性应不小于该处道路结构的强度。在养生期间应设置围挡和安全标志加以保护。

(三)涵洞养护

1. 涵洞的检查

每年洪水和冰雪季节前后,应对涵洞进行检查,检查内容应包括:

(1)洞内的淤积程度。

(2)涵洞主体结构的开裂、漏水、变形、位移、下沉及冻胀程度。

(3)涵顶及涵背填土沉陷程度。

2. 涵洞的保养

涵洞的保养应符合下列规定:

(1)洞口铺砌与上下游渠道坡度应平顺。及时清除涵台及坡锥体的杂草和树根。

(2)大雨或大雪后,应及时清除洞内外的淤积物或积雪。

(3)暴雨后,应及时修复排水构筑物的水毁,并应及时清除涵洞内淤泥和洞口堆积物。

(4)对涵洞的裂缝、局部脱落和缺损,应及时进行修补。

(5)当砖石拱涵或混凝土箱涵的沉降缝填料脱落时,应采用沉降缝专用填料及时修补。不得采用灰浆抹缝,不得采用泡沫材料填塞。

3. 涵洞的修复

涵洞及其构筑物应完好,排水应通畅。当涵顶及涵背的填土出现下沉时,应立即检查涵体结构,并应采取修复措施;当道路加宽或提高路基而需要接长涵洞时,应充分利用原有涵洞结构,并应在新旧结构之间做沉降缝;当涵洞荷载等级低于实际需要时,可依据设计计算,结合原结构形式进行加固或新建。涵洞的具体修复措施应符合下列规定:

（1）当涵洞洞口冲刷严重时，可采用浆砌块石铺底并以水泥砂浆勾缝。铺砌末端应设置抑水墙，或在出水口做消力池或消力槛等缓和流速设施。

（2）当涵体结构出现破坏时，应挖开填土，按涵洞原结构进行修复。

（3）当涵洞端墙鼓肚或倾斜时，应挖开填土，加固或重新砌筑墙身。

（4）对非结构损坏引起的涵顶路面下沉，应及时采用水稳定性良好的土壤填补夯实。

复习思考题

1. 城市道路检测和评价的工作内容是什么？

2. 简述经常性巡检的巡查周期和内容。

3. 定期检测的检测内容是什么？

4. 什么情况下应该进行特殊检测？

5. 列举沥青路面的评价内容及其评价指标。

6. 列举水泥路面的评价内容及其评价指标。

7. 路基养护的工作内容是什么？

8. 路基翻浆的原因是什么？有哪些处理措施？

9. 土质松散路肩的稳定措施有哪几种？

10. 边坡加固的措施有哪些？

11. 挡土墙若发生失稳或显示失稳征兆，其加固方案有哪几种？

12. 湿陷性黄土的加固措施有哪些？

13. 沥青路面病害有哪些？

14. 水泥路面病害有哪些？

15. 沥青路面养护的要求是什么？

16. 热拌沥青路面的初期养护应该注意哪些方面？

17. 反射裂缝产生的原因及其治理方法是什么？

18. 车辙容易出现在哪些地方？

19. 拥包的预防措施有哪些？

20. 简述沥青路面压实度不足的原因。

21. 简述水泥路面横向裂缝产生的原因及其治理方法。

22. 露石的预防措施是什么？

23. 针对水泥混凝土路面摩擦系数不足应该如何处理？

24. 水泥混凝土预制砌块路面小修的内容是什么？

25. 人行道的检查内容包括哪些？

26. 附属设施的检查内容是什么？

27. 人行道面层砌块发生错台、凸出、沉陷时应该如何处理？

28. 检查井及雨水口的工艺要求有哪些？

29. 涵洞的具体修复措施有哪些？

第二章 市政桥梁的维修与养护

【教学目标】

　　1.熟悉市政桥梁养护的分类与分级,掌握市政桥梁检测的方式、内容和评价方法;

　　2.熟悉桥梁上部结构的维修与养护要求,掌握圬工拱桥、钢结构桥梁、钢－混凝土组合梁、悬索桥、斜拉桥的维修与养护要求;

　　3.熟悉桥梁下部结构的维修与养护要求;

　　4.熟悉抗震设施、人行通道、隧道的维修与养护要求;

　　5.熟悉桥梁附属设施的维修与养护要求。

第一节 桥梁的检查与评价

一、城市桥梁养护的分类与分级

　　城市桥梁应根据行业标准《城市桥梁养护技术规范》(CJJ 99—2003)中的有关规定实施检测评估,及时掌握桥梁的基本运行状况,并采取相应的养护措施。城市桥梁的养护应包括城市桥梁及其附属设施的检测评估、养护工程及建立档案资料。城市桥梁应根据类别、等级和技术级别进行养护。

(一)城市桥梁养护的类别

　　城市桥梁根据行业标准《城市桥梁养护技术规范》(CJJ 99—2003)的规定划分为Ⅰ～Ⅴ类养护类别。

　　Ⅰ类养护的城市桥梁——特大桥梁及特殊结构的桥梁。

　　Ⅱ类养护的城市桥梁——城市快速路网上的桥梁。

　　Ⅲ类养护的城市桥梁——城市主干路上的桥梁。

　　Ⅳ类养护的城市桥梁——城市次干路上的桥梁。

　　Ⅴ类养护的城市桥梁——城市支路和街坊路上的桥梁。

　　根据行业标准《城市桥梁养护技术规范》(CJJ 99—2003)的规定,城市桥梁的养护工程宜分为保养、小修,中修工程,大修工程,加固、改扩建工程。

　　保养、小修——对管辖范围内的城市桥梁进行日常围护和小修作业。

　　中修工程——对城市桥梁的一般性损坏进行修理,恢复城市桥梁原有的技术水平和标准的工程。

　　大修工程——对城市桥梁较大的损坏进行综合治理,全面恢复到原有技术水平和标准的工程及对桥梁结构维修改造的工程。

　　加固、改扩建工程——对城市桥梁因不适应现有的交通量、载重量增长的需要及桥梁结构严重损坏,需恢复和提高技术等级标准,显著提高其运行能力的工程。

(二)城市桥梁养护的等级

根据各类桥梁在城市中的重要性,本着"保证重点、养好一般"的原则,城市桥梁养护等级宜分为Ⅰ等、Ⅱ等、Ⅲ等。养护等级及养护、巡检要求应符合下列规定:

Ⅰ等养护的城市桥梁应为Ⅰ~Ⅲ类养护的城市桥梁及Ⅳ、Ⅴ类养护的城市桥梁中的集会中心、繁华地区、重要生产科研区及游览地区附近的桥梁。应重点养护,巡检周期不应超过1 d。

Ⅱ等养护的城市桥梁应为Ⅳ、Ⅴ类养护的城市桥梁中区域集会点、商业区及旅游路线或市区之间的联络线、主要地区或重点企业所在地附近的桥梁。应有计划地进行养护,巡检周期不宜超过3 d。

Ⅲ等养护的城市桥梁应为Ⅴ类养护的城市桥梁及居民区、工业区的主要道路上的桥梁。可一般养护,巡检周期可在7 d之内。

根据行业标准《城市桥梁养护技术规范》(CJJ 99—2003)的规定,根据城市桥梁技术状况、完好程度,对不同养护类别,其完好状态等级划分及养护要求应符合下列规定:

Ⅰ类养护的城市桥梁完好状态宜分为两个等级:合格级——桥梁结构完好或结构构件有损伤,但不影响桥梁安全,应进行保养、小修;不合格级——桥梁结构构件损伤,影响结构安全,应立即修复。

Ⅱ~Ⅴ类城市桥梁完好状态宜分为五个等级:A级——完好状态,BCI达到90~100,应进行日常保养。B级——良好状态,BCI达到80~89,应进行日常保养和小修。C级——合格状态,BCI达到66~79,应进行专项检测后保养、小修。D级——不合格状态,BCI达到50~65,应检测后进行中修或大修。E级——危险状态,BCI小于50,应检测评估后进行大修、加固或改扩建。其中,BCI(Bridge Condition Index)为Ⅱ~Ⅴ类城市桥梁状况指数,以表征桥梁结构的完好程度。

二、一般要求

对使用中的城市桥梁必须按照规定进行检测评估,及时掌握桥梁的基本状况,并采取相应的养护措施。

城市桥梁的检测评估工作应包括下列内容:记录桥梁当前状况,了解车辆和交通量的改变给设施运行带来的影响,跟踪结构与材料的使用性能变化,对桥梁状态评估提供相关信息,向养护、设计与建设等部门提供反馈信息。

城市桥梁的检测评估应按检测内容、周期和评估要求划分为经常性检查、定期检测和特殊检测三级。按图2-1所示的流程实施检测和养护作业。

三、经常性检查

经常性检查分为日常巡视和日常巡查两个层次。桥面系、引道、附属设施应每日巡视1次,上下部结构及桥下保护区每3日巡视1次。日常巡查应每月至少1次。

经常性检查应由桥梁养护工程师负责,并由经过培训的中级以上养护人员具体实施。

经常性检查以目测为主,并应按表2-1现场填写城市桥梁日常巡检日报表,登记所检桥梁的缺损类型、维修工程量,提出相应的养护措施。

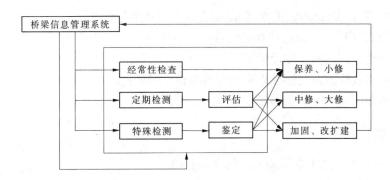

图 2-1　城市桥梁的养护技术流程图

表 2-1　城市桥梁日常巡检日报表

桥名：　　　　　　　巡视日期:20 __ 年__ 月__ 日__ 午　　　天气___ 　　　温度___ ℃

检查项目	状况		病害		病害说明	
桥名牌	完整		缺损(块)			
限载牌	完整		缺损(块)			
栏杆	完整		缺损(m)			
端柱	完整		缺损(支)			
人行道	平整		坑塘(m^2)			
车行道	平整		坑塘(m^2)			
机非隔离栏	完整		缺损(m)			
伸缩缝	完整		缺损(m)			
泄水孔	畅通		堵塞(个)			
扶梯	完整		缺损(m^2)			
结构变异	有、无		部 位		变异情况	
桥、桥区施工	有、无		是否违章		基本情况	
其他危及行车、行船、行人安全的病害						

巡查人：_____

经常性检查应包括以下项目：

(1)桥面系及附属结构物的外观情况：

①平整性、裂缝、局部坑槽、拥包、车辙、桥头跳车；

②桥面泄水孔的堵塞、缺损；

③人行道铺装、栏杆扶手、端柱等部位的污秽、破损、缺失、露筋、锈蚀等；

④墩台、锥坡、翼墙的局部开裂、破损、塌陷等。

(2)上下部结构异常变化、裂缝、缺陷、变形、沉降、位移,伸缩装置的阻塞、破损、联结松动,斜拉索、缆索锚头松动、进水,钢结构表面涂装缺陷等情况。

（3）《城市道路管理条例》中规定的各类违章现象。

（4）检查桥区内的施工作业情况。

（5）桥梁限载标志及交通标志设施等各类标志完好情况。

（6）其他较明显的损坏及不正常现象。

四、定期检测

定期检测分为常规定期检测和结构定期检测。

（一）常规定期检测

常规定期检测应每年一次,可根据城市桥梁实际运行状况和结构类型、周边环境等适当增加检测次数。常规定期检测应由桥梁养护工程师负责,并应对每座桥梁制订相应的定期检测计划和实施方案。常规定期检测宜以目测为主,并应配备如照相机、裂缝观测仪、探查工具及现场的辅助器材与设备等必要的量测仪器。

常规定期检测应包括下列范围:

（1）桥面系:桥面铺装、桥头搭板、伸缩装置、排水系统、人行道、护栏等。

（2）上部结构:主梁、主桁架、主拱圈、横梁、横向联系、主节点、挂梁、连接件、主缆、吊杆、索鞍、索夹、锚碇、斜拉索、索塔及桥塔、锚头等。上部结构重点检查部位见表 2-2、表 2-3。

表 2-2　桥梁上部结构重点检查部位

结构形式	重点部位(加○处)		备注
简支梁		横断面 	①跨中处; ②1/4 跨径处; ③支座处
连续梁 悬臂梁			①跨中处; ②反弯点（约1/3跨径处）; ③最大负弯矩处; ④支座处
刚构			①跨中处; ②角隅处; ③腿部

续表 2-2

结构形式	重点部位(加○处)	备注
悬索桥	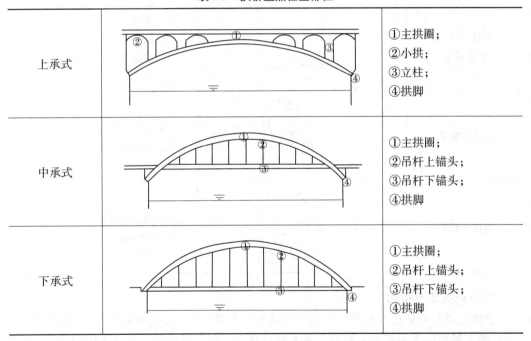	①索塔; ②主钢缆; ③吊杆; ④锚碇; ⑤主梁
斜拉桥		①塔柱; ②主梁; ③斜拉索; ④上锚头; ⑤下锚头

表 2-3　拱桥重点检查部位

上承式		①主拱圈; ②小拱; ③立柱; ④拱脚
中承式		①主拱圈; ②吊杆上锚头; ③吊杆下锚头; ④拱脚
下承式		①主拱圈; ②吊杆上锚头; ③吊杆下锚头; ④拱脚

（3）下部结构:支座、盖梁、墩身、台帽、台身、翼墙、锥坡及河床冲刷情况。桥墩重点检查部位见表2-4。

表 2-4　桥墩重点检查部位

结构形式	重点部位(加○处)	备注
单独桥墩		①支座底板

续表 2-4

结构形式	重点部位(加〇处)	备注
T 形桥墩		①支座底板; ②悬臂根部
π 形桥墩		①支座底板; ②悬臂根部
单悬臂梁式桥墩		①支座底板; ②悬臂根部(上悬臂、下悬臂); ③角隅部
Y 形桥墩		①支座底板; ②混凝土接缝处; ③Y 形交接处
单悬臂梁式框架桥墩		①支座底板; ②悬臂根部; ③混凝土接缝处; ④角隅部
框架式桥墩		①支座底部; ②角隅部
双柱式桥墩		①支座底部; ②盖梁底跨中心; ③悬臂根部; ④墩柱表面

(二)结构定期检测

结构定期检测应由具有相应资质的专业单位承担,并应由具有城市桥梁养护、管理、设计、施工经验的人员参加。检测负责人应具有 5 年以上城市桥梁专业工作经验。

1. 结构定期检测的周期

结构定期检测应在规定的时间间隔进行,结构定期检测的周期应符合下列规定:

(1)首次结构定期检测宜在桥梁竣工通车后第一年内实施。

(2)后续结构定期检测的周期对于 I 类养护的城市桥梁宜为 1~2 年,对于 II~V 类养护的城市桥梁宜为 6~10 年。

(3)结构定期检测的时间应根据上一次结构定期检测的结论进行调整。

2. 结构定期检测的内容

结构定期检测应包括下列内容:

（1）查阅历次检测报告和常规定期检测中提出的建议。

（2）根据常规定期检测中桥梁状况评定结果,进行结构构件的检测。

（3）通过材料取样试验确认材料特性、退化的程度和退化的性质。

（4）分析确定退化的原因,以及对结构性能和耐久性的影响。

（5）对可能影响结构正常工作的构件,评价其在下一次检查之前的退化情况。

（6）检测桥梁的淤积、冲刷等现象及水位记录。

（7）必要时进行荷载试验和分析评估,城市桥梁的荷载试验评估应按有关标准进行。

（8）通过综合检测评定,确定具有潜在退化可能的桥梁构件,提出相应的养护措施。

五、特殊检测

（一）特殊检测概述

特殊检测应由具有相应资质的专业单位承担,主要检测人员应具有 5 年以上城市桥梁专业工程师资格。特殊检测应由专业人员采用专门技术手段,并辅以现场和实验室测试等特殊手段进行详细检测和综合分析,检测结构应提交书面报告。

城市桥梁在下列情况下应进行特殊检测:

（1）城市桥梁遭受洪水冲刷、流水、漂流物、船舶或车辆撞击、滑坡、地震、风灾、化学试剂腐蚀、荷载超过桥梁限载的车辆通过等特殊灾害,造成结构损伤。

（2）城市桥梁常规定期检测中难以判明是否安全的桥梁。

（3）为提高或达到设计承载等级而需要进行修复加固、改建、扩建的城市桥梁。

（4）超过设计年限,需延长适用的城市桥梁。

（5）常规定期检测中桥梁技术状况Ⅰ类养护的城市桥梁被评定为不合格级的桥梁,Ⅱ～Ⅴ类养护的城市桥梁被评定为 D 级或 E 级的桥梁。

（6）常规定期检测中发现加速退化的桥梁构件需要补充检测的城市桥梁。

实施特殊检测前,检测单位应搜集竣工资料、桥梁结构的主要材料及力学指标、特殊检测的原因、影响桥梁承载能力的因素、历次桥梁定期检测和特殊检测报告、历次维修资料、交通量统计资料。

（二）城市桥梁特殊检测的内容

（1）结构材料缺损状况诊断。应根据材料缺损的类型、位置和检测的要求,选择表面测量、无损检测技术和局部取试样等方法。试样宜在有代表性构件的次要部位获取。检测与评估应依照相应的试验标准进行。

（2）结构整体性能、功能状况评估。应根据诊断的构件材料质量及其在结构中的实际功能,计算分析评估结构承载能力。当计算分析评估不满足或难以确定时,用静力荷载方法鉴定结构承载能力,用动力荷载方法测定结构力学性能参数和震动参数。结构计算、荷载试验和评估应符合国家现行有关标准的规定。

（三）特殊检测报告的主要内容

（1）概述、桥梁基本情况、检测组织、时间背景和工作过程。

（2）描述目前桥梁技术状况、试验与检测项目及方法、检测数据分析结果、桥梁技术状况评估。

（3）阐述检测部位的损坏原因及程度，评定桥梁继续使用的安全性。

（4）提出结构及局部构件的维修、加固或改造的建议方案，提出维护管理措施。

对特殊检测结果不满足要求的城市桥梁，在维修加固之前，应采取限载、限速或封闭交通措施，并应继续监测结构变化。

六、城市桥梁的评定

（一）一般规定

城市桥梁的评定分为一般评定和适应性评定。

一般评定是依据桥梁定期检查资料，通过对桥梁各部件技术状况的综合评定，确定桥梁技术状况等级，提出各类桥梁养护措施。桥梁适应性评定包括以下内容：依据桥梁定期及特殊检查资料，结合试验与结构受力分析，评定桥梁的实际承载能力、通行能力、抗洪能力，提出桥梁养护、改造方案。

一般评定由负责定期检查者进行，适应性评定应委托有相应资质及能力的单位进行。

（二）Ⅰ类养护的城市桥梁的一般评定

Ⅰ类养护的城市桥梁应按影响结构安全状况的桥梁各部件权重的综合评定方法进行评定，亦可按重要部件最差的缺损状况评定，或对照桥梁各部件技术状况的评定标准参照表2-5进行评定。桥梁各部件权重的综合评定方法如下：

表 2-5　桥梁部件缺损状况评定方法

缺损状况及标度			组合评定标准
缺损程度及标度	程度	小　→　大 少　→　多 轻度 → 严重
	标度	0　1　2
缺损对结构使用 功能的影响程度	无、不重要	0	0　1　2
	小、次要	1	1　2　3
	大、重要	2	2　3　4
以上两项评定组合标度			0　1　2　3　4
缺损发展变化状况的修正	趋向稳定	-1	0　1　2　3
	发展缓慢	0	0　1　2　3　4
	发展较快	+1	1　2　3　4　5
最终评定的标度			0　1　2　3　4　5
桥梁技术状况及分类			完　良　较　较　坏　危 好　好　好　差　的　险 一　二　三　四　五 类　类　类　类　类

注：“0”表示完好状态，或表示没有设置的构造部件，当缺损程度标度为“0”时，不再进行叠加。

“5”表示危险状态，或表示原无设置，而调查表明需要补设的部件。

根据缺损程度(大小、多少或轻重)、缺损时结构使用功能的影响程度(无、小、大)和缺损发展变化状况(趋向稳定、发展缓慢、发展较快)等三个方面,以累加评分方法对各部件缺损状况做出等级评定。

重要部件(如墩台与基础、上部承重构件、支座)以其中缺损最严重的构件评分,其他部件根据多数构件缺损状况评分。

全桥总体技术状况等级评定,宜采用考虑桥梁各部件权重的综合评定方法,亦可按重要部件最差的缺损状况评定。根据重庆地区的环境条件和养护要求,推荐的各部件权重见表2-6。

表2-6 Ⅰ类养护的城市桥梁各部件权重及综合评定方法

部件	部件名称	权重 W_i	桥梁技术状况评定办法
1	翼墙、耳墙	1	(1)综合评定采用下列算式:
2	锥坡、护坡	1	$$Dr = 100 - \sum R_i W_i / 5$$
3	桥台及基础	15	式中 R_i——按表2-5所示桥梁部件缺损状况评定方
4	桥墩及基础	15	法对各部件的评定标度(0~5);
5	地基冲刷	3	W_i——各部件权重,$\sum W_i = 100$;
6	支座	5	Dr——全桥结构技术状况评分(0~100),评分
7	上部主要承重构件	25	高表示结构状况好,缺损少。
8	上部一般承重构件	15	(2)评定分类采用下列界限:
9	桥面铺装	2	$Dr \geqslant 88$ 一类
10	桥头跳车	2	$88 > Dr \geqslant 60$ 二类
11	伸缩缝	5	$60 > Dr \geqslant 40$ 三类
12	人行道	2	$40 > Dr$ 四类、五类
13	栏杆、护栏	2	$Dr \geqslant 60$ 的桥梁,并不排除其中有评定标度 $R_i \geqslant 3$ 的
14	照明、标志	2	部件,仍有维修的需求
15	排水设施	3	
16	调治构造物	1	
17	其他	1	

桥梁技术状况评定等级,分为一类、二类、三类、四类、五类。桥梁总体及部件技术状况评定标准见附表4。

梁、拱、墩台裂缝的最大限值规定见表2-7。裂缝超过表限值时应进行修补或加固,以保证结构的耐久性。

表 2-7　梁、拱墩台恒载裂缝最大限值

结构类别	裂缝部位			允许最大裂缝宽度(mm)
钢筋混凝土构件精轧螺纹钢筋的预应力混凝土构件	A 类(一般环境)			0.20
	B 类(侵蚀环境)			0.15
采用钢丝和钢绞线的预应力混凝土构件	A 类环境			0.10
	B 类环境			不允许
混凝土拱	拱圈横向			0.30(裂缝高小于截面高一半)
	拱圈纵向(竖缝)			0.50(裂缝长小于跨径 1/8)
	拱波与拱肋结合处			0.20
墩台	墩台帽			0.30
	墩台身	经常受侵蚀性环境水影响	有筋	0.20
			无筋	0.30(不允许贯通墩台身截面一半)
		常年有水,但无侵蚀性影响	有筋	0.25
			无筋	0.35(不允许贯通墩台身截面一半)
		干沟或季节性有水河流		0.40(不允许贯通墩台身截面一半)
		有冻结作用部分		0.20

　　Ⅰ类养护的城市桥梁,桥梁检查(不论是经常检查还是定期检查)中发现的各种缺损均应用油漆将其范围及日期标记清楚。发现三、四、五类的严重缺损和难以判明损坏原因及程度的病害,应照相记录,并说明病害状况。及时通告设计单位,组织专家鉴定、论证、确定整修方案,报主管部门批准后组织施工。

　　(三)Ⅱ~Ⅴ类养护的城市桥梁技术状况评估方法

　　Ⅱ~Ⅴ类养护的城市桥梁技术状况按附录 A 的扣分值表进行评估,评估包括桥面系、上部结构、下部结构和全桥评估。应采用先分部位、再综合的办法评估。

　　Ⅱ~Ⅴ类养护的城市桥梁的完好程度,应以桥梁状况指数 BCI 确定桥梁技术状况的评估指标,并应符合下列规定:

　　(1)按分层加权法根据定期检测的桥梁技术状况记录,对桥面系、上部结构和下部结构分别进行评估,再综合得出整个桥梁技术状况的评估。

　　(2)桥面系的技术状况采用桥面系状况指数 BCI_m 表示,根据桥面铺装、伸缩装置、排水系统、人行道、栏杆及桥头平顺等要素的损坏扣除分值,按下式计算 BCI_m 值。

$$\left.\begin{aligned} BCI_m &= \sum_{i=1}^{6}(100 - MDP_i) \cdot w_i \\ MDP_i &= \sum_j DP_{ij} \cdot w_{ij} \end{aligned}\right\} \tag{2-1}$$

式中　i——桥面系的评估要素,即 i 表示桥面铺装、桥头平顺、伸缩装置、排水系统、人行道和栏杆;

　　　DP_{ij}——桥面系第 i 类要素中第 j 项损坏的扣分值,见附录 1;

w_{ij}——桥面系第 i 类要素中第 j 项损坏的权重,由式 $w = 3.0\mu^3 - 5.5\mu^2 + 3.5\mu$ 计算而得,其中 μ 根据第 j 项损坏的扣分 DP_{ij} 占桥面系第 i 类要素中所有损坏扣分值的比例($\mu_{ij} = \dfrac{DP_{ij}}{\sum_j DP_{ij}}$)计算而得;

MDP_i——桥面系第 i 类要素中损坏的总扣分值;

w_i——第 i 项要素的权数,见表2-8。

表2-8　桥面系各要素权重值

评估要素	权重	评估要素	权重
桥面铺装	0.3	排水系统	0.1
桥头平顺	0.15	人行道	0.1
伸缩装置	0.25	护栏	0.1

(3)桥梁上部结构的技术状况采用上部结构状况指数 BCI_s 表示;BCI_s 可根据桥梁各跨的技术状况指数 BCI_k 按下式计算而得:

$$\left.\begin{aligned} BCI_s &= \frac{1}{m}\sum_{k=1}^{m} BCI_k \\ BCI_k &= \sum_{l=1}^{n_s} (100 - SDP_{kl}) \cdot w_{kl} \\ SDP_{kl} &= \sum_x DP_{klx} \cdot w_{klx} \end{aligned}\right\} \quad (2\text{-}2)$$

式中　x——桥梁第 k 跨上部结构中构件 l 的损坏类型;

DP_{klx}——桥梁第 k 跨上部结构中构件 l 在损坏类型为 x 时的扣分值,见附表2;

w_{klx}——桥梁第 k 跨上部结构中构件 l 在损坏类型为 x 时的权重,由式 $w = 3.0\mu^3 - 5.5\mu^2 + 3.5\mu$ 计算而得,μ 根据第 x 项损坏的扣分 DP_{klx} 占构件 l 所有损坏扣分值的比例($\mu = \dfrac{DP_{klx}}{\sum_x DP_{klx}}$)计算而得;

SDP_{kl}——构件 l 的综合扣分值;

w_{kl}——构件 l 的权重,见表2-9。

n_s——第 k 跨上部结构的桥梁构件数;

BCI_k——第 k 跨上部结构技术状况指数;

m——桥梁跨数;

BCI_s——桥梁的上部结构技术状况指数。

(4)桥梁下部结构技术状况的评估应逐墩(台)进行,然后再计算整个桥梁下部结构的状况指数 BCI_x,并应按下式计算:

$$\left.\begin{aligned} BCI_x &= \frac{1}{m+1}\sum_{\lambda=0}^{m} BCI_\lambda \\ BCI_\lambda &= \sum_{l=1}^{n_\lambda} (100 - IDP_{\lambda l}) \cdot w_{\lambda l} \\ IDP_{\lambda l} &= \sum_y DP_{\lambda ly} \cdot w_{\lambda ly} \end{aligned}\right\} \quad (2\text{-}3)$$

表 2-9　桥梁上部结构各构件的权重

	构件类型	权重		构件类型	权重
悬臂 + 挂梁	悬臂梁	0.6	梁桥	主梁	0.6
	挂梁	0.2		横向联系	0.4
	挂梁支座	0.1	拱桥	主拱圈(桁)	0.7
	防落梁装置	0.1		横向联系	0.3
桁架桥	桁片	0.5	刚架桥	主梁	0.8
	主节点	0.1		横向联结	0.2
	纵梁	0.2	斜拉桥 悬索桥	主塔	0.45
	横梁	0.1		主梁	0.35
	联结件	0.1		拉索(主缆)	0.20

式中　　y——桥梁第 λ 墩(台)中构件 l 的损坏类型;

$DP_{\lambda ly}$——桥梁第 λ 墩(台)中构件 l 在损坏类型为 y 时的扣分值,见附表 3;

$w_{\lambda ly}$——桥梁第 λ 墩(台)中构件 l 在损坏类型为 y 时的权重,由式 $w = 3.0\mu^3 - 5.5\mu^2 + 3.5\mu$ 计算而得,μ 根据第 y 项损坏的扣分 $DP_{\lambda l}$ 占构件 l 所有损坏扣分值的比例($\mu = \dfrac{DP_{\lambda ly}}{\sum DP_{\lambda ly}}$)计算而得;

$IDP_{\lambda l}$——构件 l 的综合扣分值;

$w_{\lambda ly}$——构件 l 的权重,见表 2-10;

n_{λ}——第 λ 墩(台)的构件数;

BCI_{λ}——第 λ 墩(台)的技术状况指数;

BCI_{x}——桥梁的下部结构技术状况指数。

表 2-10　桥梁下部结构各构件的权重

	构件类型	权重		构件类型	权重
桥墩	盖梁	0.1	桥台	台帽	0.1
	墩身	0.3		台身	0.3
	基础	0.3		基础	0.3
	冲刷	0.2		耳墙(翼墙)	0.1
	支座	0.1		锥坡	0.1
				支座	0.1

(5)整个桥梁的技术状况指数 BCI 根据桥面系、上部结构和下部结构的技术状况指数,由下式计算:

$$BCI = 0.15BCI_m + 0.40BCI_s + 0.45BCI_x \qquad (2-4)$$

桥面系、上部结构和下部结构的权重,如表 2-11 所示。

表 2-11　桥梁结构组成部分的权重

桥梁部位	权　重
桥面系	0.15
上部结构	0.40
下部结构	0.45

(6)上部结构、下部结构以及整座桥梁结构的完好状况可按表 2-12 所示的标准评估。

表 2-12　桥梁完好状况评估标准

BCI^*	$BCI^* \geq 90$	$90 > BCI^* \geq 80$	$80 > BCI^* \geq 66$	$66 > BCI^* \geq 50$	$BCI^* < 50$
评估等级	A	B	C	D	E

注:BCI^* 表示 BCI、BCI_m、BCI_s 或 BCI_x。BCI 的计算可应用 BCI 软件进行。

(四)不合格级桥和 D 级桥的评定

各种类型桥梁有下列情况之一时,即可直接评定为不合格级桥和 D 级桥:

(1)Ⅲ、Ⅳ类环境下的预应力梁产生受力裂缝且裂缝宽度超过表 2-7 所示恒载裂缝最大限值。

(2)拱桥的拱脚处产生水平位移或无铰拱拱脚产生较大的转动。石拱圈缺少、拱波塌落。

(3)钢结构节点板及连接铆钉、螺栓损坏在 20% 以上,钢箱梁开焊,钢结构主要构件有严重扭曲、变形、开焊,锈蚀削弱截面面积 10% 以上。

(4)墩、台、桩基础出现结构性断裂缝,裂缝有开合现象,倾斜、位移、沉降变形危及桥梁安全时。

(5)关键部位混凝土出现压碎或压杆失稳、变形现象。

(6)结构永久变形大于设计规范值。

(7)结构刚度达不到设计标准要求。

(8)支座错位、变形、破损严重、支座脱空,已失去正常支承功能。

(9)基底冲刷面达 20% 以上。

(10)承载能力下降 25% 以上(需通过桥梁验算检测得到)。

(11)人行道栏杆 20% 以上残缺,且无警示标志。

(12)上部结构有落梁和脱空趋势或梁、板断裂。

(13)特大桥、特殊结构桥除上述情况外,钢－混凝土组合梁、桥面板发生纵向开裂,支座和梁端区域发生滑移或开裂;斜拉桥拉索、锚具损伤;吊桥钢索、锚具损伤;吊杆拱桥钢丝、吊杆锚具损伤。

(14)其他各种对桥梁结构安全有较大影响的部件损坏。

(五)城市桥梁适应性评定

对桥梁的承载能力、通行能力、抗洪能力应周期性地进行评定。评定周期一般为 3

年,评定工作可与桥梁的定期检查、特殊检查结合进行。承载能力、通行能力的评定一般可采用现行荷载标准及交通量,也可考虑使用期预测交通量。承载能力、通行能力评定方法见《城市桥梁养护技术规范》(CJJ 99—2003)。

对适应性不能满足的桥梁,应采取提高承载能力、加宽、加长、基础防护等改造措施。若整个路段有多座桥梁的适应性不能满足,应结合路线改造进行方案比较和决策。

(六)城市桥梁的养护对策

(1)对Ⅰ类养护的城市桥梁一般评定划分的各类技术状况的桥梁,分别采取不同的养护措施:一类桥梁进行正常保养;二类桥梁需进行小修;三类桥梁需进行中修;四类桥梁需进行大修或改造,及时进行交通管制,如限载、限速通行,当缺损较严重时应关闭交通;五类桥梁需要进行改建或重建,及时关闭交通。

(2)Ⅱ~Ⅴ类城市桥梁完好状态及养护对策分为以下五个等级:

A级桥梁,应进行日常保养。

B级桥梁,应进行日常保养和小修。

C级桥梁,应进行专项检测后保养、小修。

D级桥梁,应检测后进行中修或大修,及时进行交通管制,如限载、限速通行,必要时关闭交通。

E级桥梁,应检测评估后进行大修、加固、改建或重建,及时关闭交通。

第二节　桥梁上部结构的维修与养护

桥梁上部结构指的是桥梁支座以上(无铰拱起拱线或框架主梁底线以上)跨越桥孔部分的总称,包括主梁、桥面铺装、防水和排水系统、防护栏杆、支座、伸缩缝等。因长期承受车辆及温度作用的影响,桥梁上部结构产生病害和缺陷的情况越来越多,养护、维修与加固工作繁多。本节主要介绍上部结构养护、维修与加固的有关内容。

一、桥面系

城市桥梁的桥面部分主要由桥面铺装、桥面排水设施、桥面伸缩缝、人行道、栏杆、防撞护栏及照明设施等部分组成。桥面在桥梁结构中的位置如图 2-2 所示。

桥面的养护除应符合道路养护的有关标准规定外,还应符合下列规定:

(1)不得随意增加荷载。老化的沥青混凝土桥面,应进行铣刨更新处理,严禁随意加铺沥青混凝土结构进行补强。严禁用沥青混凝土覆盖伸缩装置。

(2)桥面更新后的横坡和纵坡应满足排水要求。

(3)架设在桥上的管线安全保护设施应完整、有效,线杆应安全、牢固,井盖应完好。

(4)桥面上人行道铺装、盲道和缘石应完好、平整。当有缺损时,应及时维修或更换。

(一)桥面铺装及防水层

桥面铺装又称车道铺装,其作用是保护桥面板,防止车轮或履带直接磨耗桥面,保护主梁免受雨水侵蚀,并借以分散车轮的集中荷载。常用的桥面有水泥混凝土、沥青混凝土两种铺装形式。

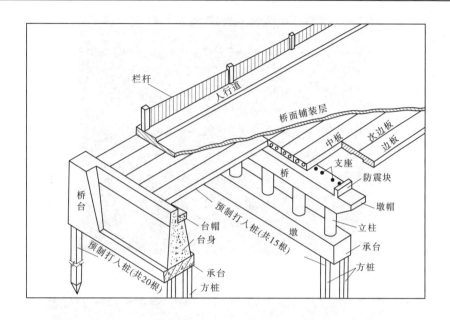

图 2-2 桥面的位置

为满足防水性好、稳定性好、抗裂性好、耐久性好,以及层间黏结性好的使用要求,一般都要在桥面铺装层间设置防水层。

水泥混凝土铺装层的缺陷主要有磨光、裂缝、脱皮、露骨、露筋及高低不平,沥青类铺装层的缺陷主要有泛油、松散、露骨、露筋、裂缝、拥包、车辙、推移,如图 2-3 ~ 图 2-7 所示。

图 2-3 水泥混凝土路面露骨、露筋

1. 桥面铺装的养护

桥面铺装层的养护应符合《城镇道路养护技术规范》(CJJ 36—2016)中有关沥青路面或水泥混凝土路面的规定(参考本书第一章第三节路面的维修与养护)。桥面应保持坚实、平整、清洁,防止桥头跳车,保证行车顺畅。

图 2-4 沥青类路面裂缝

图 2-5 沥青类路面推移

图 2-6 沥青类路面露骨、露筋

图2-7　沥青类路面车辙

2. 水泥混凝土路面的养护

详见本书第一章第三节路面的维修与养护中"二、水泥混凝土路面养护"。另外，水泥混凝土桥面的病害处理和防护应符合下列规定：

(1)铺装层较严重的大面积表皮脱落、麻面，可铣刨后做混凝土面层。在桥梁承载能力允许的条件下，也可加铺沥青混凝土结构，但伸缩装置必须重新进行处理。轻微的局部表皮脱落、麻面和裂缝，可不做处理。

(2)对大于3 mm的桥面裂缝，应检查其发生原因。在确定无结构破坏和延续发展的条件下，可进行灌缝处理。

(3)铺装层的局部损坏，Ⅰ类养护的城市桥梁桥面松散、坑洞面积不应大于0.1 m²，深度不应大于20 mm；Ⅱ、Ⅲ类养护的桥梁不应大于0.2 m²，深度不应大于20 mm；Ⅳ类养护的城市桥梁不应大于0.3 m²，深度不应大于30 mm；Ⅴ类养护的城市桥梁不应大于0.4 m²，深度不应大于30 mm。当铺装层的损坏超过上述规定时，应进行补修。

3. 沥青类路面的养护

沥青混凝土桥面的养护、病害处理和修补应按《城镇道路养护技术规范》（CJJ 36—2016）要求进行，详见本书第一章第三节路面的维修与养护中"一、沥青路面养护"。另外，桥面结构长期含水浸泡造成的脱落、拥包，应采取有效的排水措施，修补面晾干后，再进行面层修补。

4. 桥面卷材防水层的修补

(1)损坏的防水层，应及时进行修补。防水层维修应按施工要求进行。

(2)修补后的防水层，其防水性能、整体强度、与下层黏结强度和耐久性等指标，应满足原设计要求。

5. 防水混凝土结构层的维修

(1)当防水混凝土表皮脱落或粉化轻微而整体强度未受影响，且防水混凝土层与下层连接牢固时，应彻底清除脱落表皮和粉化物。

(2)当防水混凝土受到侵蚀，表皮严重粉化且强度降低或防水混凝土层与下层已脱离连接时，应完全清除该层结构，重新进行浇筑。

(3)清理表皮脱落层时，应清理至具有强度的表面完全露出。

(4)清除损坏的结构层时，应切割出清理边界，再进行清除作业。清除应彻底，不得留隐患。应避免扰动其他完好部分。

（5）对钢筋网结构的防水混凝土层进行清除作业时，应确保原钢筋结构的完整。

（6）在浇筑新混凝土前，作业面（包括边缘）应清洁、粗糙。

（7）选用的防水混凝土抗渗等级应高于 P6，且不得低于原设计指标要求。在使用除雪剂的北方地区和酸雨多发地区，防水混凝土的耐腐蚀系数不应小于 0.8。严禁使用普通配比混凝土替代防水混凝土。

（二）伸缩装置

桥面伸缩缝的作用是保证桥跨结构在活载作用、混凝土收缩与徐变、温度变化等因素的影响下按静力图的方式自由变形。伸缩缝横向设置在两主梁之间以及梁端与桥台台背之间，如图 2-8、图 2-9 所示。

图 2-8　桥面伸缩缝

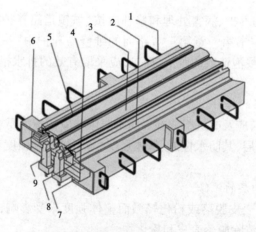

1—锚固筋；2—边梁；3—中梁；4—横梁；5—防水橡胶带；
6—箱体；7—承压支座；8—压紧支座；9—吊架

图 2-9　伸缩缝的构造

（注：两横梁之间有连杆机构，用于控制中梁的均匀移动）

　　伸缩缝设置在桥梁梁端构造薄弱部分,直接承受车辆荷载反复作用,多暴露在大气中,伸缩缝不仅易损,而且难修复。伸缩缝损坏后会产生跳车、噪声甚至交通事故,如果不及时修复还会向结构主体进一步发展。因此,对桥面伸缩缝要经常养护,经常检查,出现破坏后,要及时进行必要的修补或者更换。

　　伸缩缝的损伤一般包括本身破坏损伤、锚固件损坏、接头部位后铺筑料剥落、凹凸不平,如图 2-10 所示。

图 2-10　伸缩缝的损伤

1. 伸缩缝的一般养护

伸缩装置的一般养护应符合下列规定:

　　(1)伸缩装置应平整、直顺、伸缩自如,处于良好的工作状态。有堵塞时应及时清除,出现渗漏、变形、开裂,行车有异常响声、跳车时应及时维修。保养周期应每年 2 次。

　　(2)橡胶板式伸缩装置的固定螺栓应每季度保养一次,若松动应及时拧紧;若橡胶板丢失应及时补上,弹簧(止退)垫不得省略,严重破损的橡胶板,应及时按同型号进行更换。

　　(3)异型钢类伸缩装置的密封橡胶带(止水带),损坏后应及时更换。密封橡胶带的选择,应满足原设计的规格和性能要求。

　　(4)钢板伸缩装置的钢板开焊、翘曲和脱落时,应及时发现并及时补焊。

　　(5)弹塑体伸缩装置出现脱落、翘起时,应及时清除,并应重新浇筑弹塑体混合料。当槽口沥青混凝土塌陷、严重啃边或附近沥青混凝土平整度超过《城市桥梁养护技术规范》(JJ 99—2003)的规定时,应清除原弹塑体混合料和周围沥青混凝土,重新摊铺、碾压、并应按新建工艺要求重新安装弹塑体伸缩装置。

2. 伸缩缝的更换

伸缩装置出现损坏而无法修复时,宜选用原型号伸缩装置产品进行整体更换。

　　(1)伸缩装置的安装宽度,应根据施工时的气温计算确定。安装放线时间,应选择在一天中温度变化最小的时间段内。

　　(2)应满足新伸缩装置的安装技术要求。在安装连接点处,桥面板(梁)的锚固预埋件有缺损时,应打孔补植连接锚筋。

(3)伸缩装置在安装焊接时,连接筋与锚盘的搭接长度应符合焊接要求,严禁点焊连接。

(4)安装伸缩装置所使用的水泥混凝土保护带,其设计强度应符合设计要求,且不得小于 C40,同时应具有早强性能;保护带宜采用钢纤维混凝土。

(5)应保证伸缩装置中间和梁头与桥台(梁端头)之间充分隔离、封闭,宜采用硬塑料泡沫板进行充填;伸缩装置的型钢下部和后部,应保证混凝土完全充满。

(三)桥梁支座

桥梁支座是连接桥梁上部结构和下部结构的重要结构部件,架设于墩台上,顶面支承桥梁上部结构的装置。其功能为将上部结构固定于墩台上,承受作用在上部结构的各种力,并将它可靠地传给墩台;在荷载、温度、混凝土收缩和徐变的作用下,支座能适应上部结构的转角和位移,使上部结构可自由变形而不产生额外的附加内力。支座的检查往往是指检查支座功能、组件是否完整、清洁,有无断裂、错位、脱空现象。支座的病害如图 2-11 所示。

图 2-11　支座的病害

1. 支座的定期检查和养护

桥梁支座应定期检查和保养,并应符合下列规定:

(1)支座各部分应保持完整、清洁、有效,应每年检查保养一次,冬季应及时清除积雪和冰块,梁跨活动应自由。

(2)滚动支座滚动面上每年应涂一层润滑油。在涂油之前,应先清洁滚动面。

(3)支座各部分除钢辊和滚动面外,其余金属部分应定期保养,不得锈蚀。

(4)固定支座每两年应检查锚栓牢固程度,支承垫板应平整紧密,及时拧紧接合螺栓。

(5)板式橡胶支座恒载产生的剪切位移应在设计范围内;支座不得产生超过设计要求的压缩变形;支座橡胶保护层不应开裂、变硬、老化,支座各层加劲钢板之间的橡胶外凸应均匀和正常;支承垫石顶面不应开裂、积水;进行清洁和修补工作时,应防止橡胶支座与油脂接触。

2. 支座缺陷故障的维修

支座的缺陷故障,应及时维修或更换,并应符合下列规定:

(1)滚动面不平整,轴承有裂纹、切口或个别辊轴大小不合适,应更换。板式橡胶支座损坏、失效应及时更换。

(2)梁支点承压不均匀,应进行调整。

(3)支座座板翘曲、断裂,应予更换和补充;焊缝开裂应予维修。

(4)对需抬高的支座,可根据抬高量的大小选用下列几种方法:抬高量在 50 mm 以内的可垫入钢板;抬高量在 50～300 mm 的可垫入铸钢板;就地灌注高强钢筋混凝土垫块,厚度不应小于 200 mm。

(5)滑移的支座应及时恢复原位;脱空支座应及时维修。

二、圬工拱桥

圬工拱桥是以砖、石、混凝土、圬工材料作为主要建造材料的拱桥,如图 2-12 所示。

(一)圬工拱桥的一般规定

(1)圬工拱桥应具有满足设计要求的强度、刚度、抗裂、抗渗和整体稳定性。

(2)圬工拱桥应保证表面的清洁、完整,并预

图 2-12　圬工拱桥

防表面的风化。保证排水设备的完整和处于完好状态,表面石块风化如图 2-13 所示。

(3)圬工拱桥应注意日常维护,修理表面轻微损坏。如出现拱石脱落、拱圈纵向开裂或渗水、拱墙突出,拱脚出现裂缝、变形、缺脚等病害,应及时查明原因,进行维修加固。腹拱圈开裂如图 2-14 所示。

图 2-13　石块风化

图 2-14　腹拱圈开裂

(二)圬工拱桥的养护规定

(1)石拱桥应注意灰缝的养护。若灰缝脱落或缝内长草,应及时修补并清除杂草。拱桥石料如有风化、剥落,应及时维修。可采取布一层钢丝网、喷一层 M10 水泥砂浆的方

法进行修补,亦可采用其他方法进行修复。

(2)干砌圬工拱桥发生变形时,应在主要受力部位用砂浆勾缝,观察其有无开裂,判定变形发展情况,采取相应措施维修加固。

(3)圬工拱桥未设防水层或防水层损坏失效时,可开挖拱上填料,重铺防水层;或在桥面上加铺沥青混合料或水泥混凝土路面,以防止水渗入圬工砌体内。

(4)圬工拱桥纵、横向产生裂缝、基础沉降、拱轴线变形或主拱圈损坏,影响桥梁安全时,应及时进行检测,采取维修加固措施,保证安全。

(5)圬工拱桥恒载裂缝最大限值应符合表 2-13 的规定。

表 2-13　圬工拱桥恒载裂缝最大限值

结构类别	裂缝部位	允许最大裂缝宽度(mm)
上部结构	拱圈横向	0.30,裂缝高小于截面高的一半
	拱圈纵向(竖缝)	0.50,裂缝长小于跨径的 1/8
	拱波与拱肋结合处	0.20
墩台 墩台身	经常受侵蚀性水环境影响	0.20,不允许贯通墩身截面一半
	经常有水,但无侵蚀性影响	0.25
	干沟或季节性有水河流	0.40
	有冻结作用部分	0.20

三、钢结构梁

钢结构桥梁指主要承重结构采用钢材的桥梁,即钢桥。钢结构桥梁在使用运营中其刚度、强度、稳定性应符合设计要求,如图 2-15 所示。根据钢结构形式,应加强各部分连接节点及杆件、铆钉、销栓的检查养护。对承载能力或刚度低于限值、结构不良的钢结构,应进行维修加固。钢结构桥梁连接处裂缝如图 2-16 所示。

图 2-15　钢结构桥梁

　　钢结构外观应保持清洁,冬季应及时除冰雪。泄水孔应畅通,桥面铺装应无坑洼积水现象,渗漏部分应及时修好。当桥面有积水时,应设置直径不小于 50 mm 的泄水孔,钻孔前应对杆件强度进行验算。

图 2-16　钢结构桥梁连接处裂缝

　　钢结构应每年进行一次保养,每年做一次检测。检测时若发现节点上的铆钉和螺栓松动或损坏脱落、焊缝开裂,应采用油漆标记。在同一个节点,缺少、损坏、松动和歪斜的铆钉超过 1/10 时,应进行调换。当焊接节点有脱缝,焊缝处有裂纹时,应及时修补。对有裂纹及表面脱落的构件,应仔细观察其发展,做出明显的标记,注明日期,以备观察;必要时应补焊或更换。

　　若钢梁杆件伤损容许限度超过表 2-14 的规定,应及时进行整修、加固或更换。

表 2-14　钢梁杆件伤损容许限度

序号	伤损类别		容许限度
1		竖向弯曲	弯曲矢度小于跨度的 1/1 000
2	板梁、纵梁、横梁及工字梁	横向弯曲	弯曲矢度小于自由长度的 1/5 000,并在任何情况下不超过 20 mm
3		上盖板局部垂直弯曲	$f<a$ 或 $d<B/4$ 式中　f——竖向变形; 　　　a——横向变形; 　　　d——钢板或钢板束的厚度; 　　　B——由腹板至盖板边缘的宽度
4		盖板上有洞孔 腹板上有洞孔	工字梁的洞孔直径小于 50 mm,板梁小于 80 mm,边缘完好
5		腹板受拉部位有弯曲	凸出部分直径小于断面高度的 1/5 或深度不大于腹板厚度
6		腹板在受压部位	凸出部分直径小于断面高度的 1/10 或深度不大于腹板厚度
7	桁梁	主梁压力杆件弯曲	弯曲矢度小于杆件自由长度的 1/1 000
8		主梁拉力杆件弯曲	弯曲矢度小于杆件自由长度的 1/500
9		主梁腹杆或连接杆件弯曲	弯曲矢度小于杆件自由长度的 1/300
10		洞孔	洞孔直径小于杆件宽度的 15% 并不得大于 30 mm

钢梁有下列状况之一时,应及时维修:

(1)桁腹杆铆接接头处裂缝长度超过 50 mm;

(2)下承式横梁与纵梁加接处下端裂缝长度超过 50 mm;

(3)受拉翼缘焊接一端裂缝长度超过 20 mm;

(4)主梁、纵梁、横梁受拉翼缘边裂缝长度超过 5 mm,焊缝处裂缝长度超过 10 mm;

(5)纵梁上翼缘角钢裂缝;

(6)主桁节点和板拼接接头铆栓失效率大于 10%;

(7)主桁构件、板梁结合铆钉松动连续 5 个及以上;

(8)纵梁、横梁连接铆钉松动;

(9)纵梁受压翼缘、上承板梁主梁上翼缘板件断面削弱大于 20%;

(10)箱梁焊缝开裂长度超过 20 mm。

四、钢 – 混凝土组合梁

钢 – 混凝土组合梁是在钢结构和混凝土结构基础上发展起来的一种新型结构形式,如图 2-17 所示。它主要通过在钢梁和混凝土翼缘板之间设置剪力连接件(栓钉、槽钢、弯筋等),抵抗两者在交界面处的掀起及相对滑移,使之成为一个整体而共同工作。

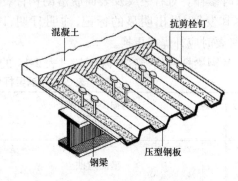

图 2-17　钢 – 混凝土组合梁构造图

钢 – 混凝土组合梁中钢结构及混凝土桥面板的检查、保养及维修应满足钢筋混凝土及预应力和钢结构梁的养护要求,并符合下列规定:

(1)钢 – 混凝土组合梁桥面板不得有纵向裂缝。应每季度检查一次,检查纵向裂缝的宽度、长度、位置、密度及发展程度等,必要时应拆除部分铺装层观测。当产生纵向裂缝时,应及时采取加固措施。

(2)桥面横向裂缝可每季度检查一次。在连续组合梁支座及其附近的桥面板,不应有裂缝和渗漏水。若有裂缝和渗漏水部位,应重做防水和封闭裂缝。纵向钢筋失效引起的裂缝,应采取纵向受力加固措施。预应力混凝土桥面板预应力失效产生的裂缝,应立即修复加固。

(3)跨中区域桥面板环裂、压碎、磨损,应及时加固修复。

(4)钢 – 混凝土组台梁,应每季度检查一次支座及梁端区域,组合梁结合面不得有相对滑移和开裂;当梁端有相对滑移时,应及时修复。

(5)钢梁与混凝土桥面板之间的剪力连接件应完好无损,不得有纵向滑移及掀起。从型钢板组合桥面板支撑处及板肋不得变形,板肋与连接件附近的混凝土不得有疲劳裂缝。

(6)应每年检查一次结构尺寸及线形,不得有超过规定的变形。可采取下列几种方法加固超标变形:

①加铺或重铺钢筋混凝土桥面层,加铺时应验算增加的自重;

②钢梁补强；

③施加体外预应力。

五、悬索桥

悬索桥(也称吊桥)主要由桥塔、锚碇、主缆、吊索、主桥道及鞍座等部分组成(见图2-18)。主桥道在吊索的悬吊下,相当于多个弹性支撑上的连续梁,弯矩显著减小;吊索将主梁的重力传递给主缆,承受拉力;桥塔将主缆支起,主缆承受拉力,并被两侧的锚碇锚固;桥塔承受主缆的传力,主要受轴向压力,并将力传递给基础。悬索桥结构受力性能好,其轻盈悦目的抛物线形具有强大的跨越能力。

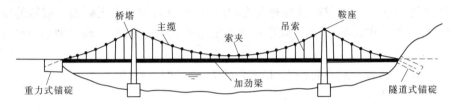

图 2-18 悬索桥结构示意图

悬索桥养护的重点是主缆、吊索(吊杆)、锚碇和加劲梁。

(一)主缆的养护

(1)悬索桥主缆应保持在设计时的正常位置。如发现有较大的不可恢复的线形变化,应及时分析原因,采取适当的线形调整方案进行处理。

(2)悬索桥主缆各索股应保持受力均匀。如检查时发现有索股受力出现明显偏差,索股松弛或过紧,应调整索力,使各索股受力基本一致。

(3)主缆检查维护的重点是防水、防腐蚀、防龟裂、防人为损伤。

(4)主缆钢索应每季度一次检查维护表面防护层,若发现防护层出现开裂、剥落、破损、缠丝破损,应及时进行修补。必要时可切开防护层,检查主缆是否锈蚀并进行相应处理。检查处理后及时修复防护层。若主缆表面防护层老化失效,应进行更换。

(5)主缆索夹在酷暑和严寒季节应加强检查和养护,及时拧紧螺栓,保持设计的紧固力,防止螺帽锈死无法调整。若主缆索夹锈蚀损坏则应及时更换,注意新索夹须将主缆夹紧。

(6)主缆走道支架应经常检查稳定及安全状况,金属结构应定期进行打油、涂漆防护。经常检查主缆走道扶手索,特别是两端锚固点有无锈蚀或损坏,及时维修更换,以保证检查维修人员安全。

(二)吊索的养护

(1)吊索(吊杆)在定期检查中,发现索力与初始值或前次测量数值有较大差别时,应慎重分析原因,采取相应措施进行处理。

(2)吊索(吊杆)表面防护层应进行定期维护,若防护层有开裂、剥落、破损等现象,应及时进行修补。

(3)吊杆锚头及钢索出口密封处,一般每年养护一次。

（三）锚碇的养护

悬索桥的锚碇的锚室门或索洞门应经常打开通风,室内排水应通畅,环境干燥。锚室内除湿系统应正常工作,湿度恒定。经常巡视主缆与锚头的连接状况,观察锚头、锚杆有无锈蚀、破损等异常现象。定期对锚头、锚杆进行清洁、防护。

（四）主索鞍的养护

（1）悬索桥的主索鞍、散索鞍应保持清洁,防止尘土聚集和雨水淤集。如发现有异常错位、卡死、辊轴歪斜及锈蚀、破损等,应及时维修处治。主索鞍、散索鞍、主缆索股锚头,每年应养护一次。

（2）索鞍应保持正常工作位置,如偏移超限,应及时复位。

（3）索鞍应经常注意螺栓、螺杆有无松动或剪切变形,焊缝有无断裂。索鞍的辊轴或滑板应保持正常工作状况,经常清除滑板或辊轴座板上的杂物,加注润滑油脂以保持其机动性。

（4）主索鞍、散索鞍发现有漏水、积水和脱漆、锈蚀时,应及时处治。

（五）桥塔的养护

悬索桥桥塔应进行经常性的检查维护。经常检查桥塔顶钢结构防护状况;检查主鞍室密封及防水状况。雨季来临前加强检查,完善防雨排水措施。主鞍室内严禁放置易燃易爆物品,禁止吸烟、用火。主塔爬梯和工作电梯应每季度检查保养一次。爬梯应定期除锈涂漆,以保证其可靠性和安全性。电梯按规定养护。

悬索桥加劲梁及桥塔的日常养护按其结构类型,参照钢筋混凝土结构或钢结构的相关规定进行。

（六）避雷系统的养护

悬索桥的避雷系统应保持完好。避雷系统接地线（网）附近严禁堆放物品和修建任何设施。地线的覆土禁止挖掘,并应防止冲刷。避雷针、引下线及地线,每年春季鸣雷前应进行检测,如发现防雷性能下降,应及时修理。

六、斜拉桥

斜拉桥由斜拉索、塔柱和主梁组成,用高强钢材制成的斜拉索将主梁多点吊起,并将主梁的荷载传至塔柱,再通过塔柱传至基础及地基,如图 2-19 所示。斜拉桥养护的重点是斜拉索。

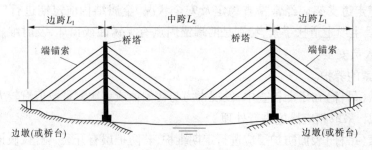

图 2-19　斜拉桥示意图

（一）斜拉索的养护

（1）斜拉索每年须定期进行索力测定。当索力不均匀，偏离设计规定值较大时，应分析原因后采取调整索力或其他综合性措施进行改善。

（2）斜拉索振幅过大时，应采取有效的减振措施。

（3）经常检查拉索防护层，如出现老化脆裂、变形、破损，应及时对开裂和破损处进行修复，必要时作全面重新包裹处理。

（4）定期检测斜拉索钢丝的锈蚀、断丝情况。可采用无损探伤法或切口法等进行检测判断。当斜拉索钢丝断丝超过 2%、钢丝锈蚀面积超过 10% 时，应更换斜拉索。

（5）斜拉索两端的锚具及护筒应经常保持清洁干燥，若发现渗水应及时封堵，防止引起拉索锈损。

（6）斜拉索两端锚固处及锚头、拉索出口密封处、主梁防摇止推装置等部件，须每半年保养一次，发现有漏水、积水或脱漆、锈蚀时，应及时处治。定期更换防水垫圈及阻尼垫圈。

（7）定期更换斜拉索两端锚具锚杯内的防护油。

（8）斜拉索减振装置要保持正常工作状态，若发现异常现象应及时维修。上下减振器应防止雨水侵入。橡胶减振器如老化变质，应进行更换。

（9）斜拉索检修车应严格按设备技术规程的要求进行操作、保养及检修。禁止违规操作和带病运行。

（二）索塔、主梁与支座的养护

索塔的工作爬梯和工作电梯，一般应每季度保养一次。电梯应定期进行大修。爬梯应定期除锈涂漆，以保证其可靠性和安全性。

斜拉桥主梁的日常养护可视其桥型结构类型，参照钢筋混凝土结桁或钢结构的相关规定进行。

设有辅助墩支座的，应经常对支座进行养护，并对辅助墩进行沉降观测，防止由于基础不均匀沉降对桥梁结构产生附加内力。

（三）斜拉桥的避雷系统养护

斜拉桥的避雷系统应保持完善。避雷系统接地线（网）附近严禁堆放物品和修建任何设施。地线的覆土禁止挖掘，并应防止冲刷。避雷针、引下线及地线，每年春季鸣雷前应进行检测，如发现防雷性能下降，须及时修理。

索塔上的夜间航空障碍灯应保持不中断的夜间照明。

第三节　桥梁下部结构的维修与养护

桥梁下部结构包括桥墩（台）和基础，是支撑上部结构的建筑物。它的作用是直接支撑上部结构并将恒载和活载传递给地基。桥台还与路堤相衔接，以抵抗路堤填土压力，防止路堤填土的滑坡和坍塌。

一、墩(台)

桥梁墩(台)位于桥梁上部结构和基础之间,它关系到桥跨结构在平面和高层上的位置。墩(台)结构将上部结构的荷载传递给基础。桥台使桥梁与路堤相连,并承受桥头填土的水平压力,起着挡土的作用。桥墩则将相邻两桥孔的桥跨结构连接起来。因此,桥梁的上部结构和基础以下结构的变化与影响,都将会对墩台产生影响和损坏。桥墩的强度和稳定性在很大程度上也决定了桥梁的耐久性。

墩(台)承载力不足,或出现沉降、倾斜、位移及转动,将引起上部结构的损坏,严重时会导致整座桥梁的坍塌。多数桥梁的墩(台)是由砖石、混凝土和钢筋混凝土构建组成的,其缺陷与病害主要有承载力不足、沉降、倾斜、易动、转动及开裂等。裂缝是这些病害的征兆。桥墩网状裂缝如图 2-20 所示,桥墩竖向裂缝如图 2-21 所示,桥墩水平向裂缝如图 2-22 所示,桥墩局部压碎如图 2-23 所示,桥台支承垫石从上向下发展的裂缝如图 2-24 所示。

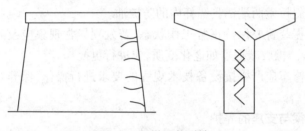

图 2-20　桥墩网状裂缝

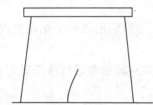

图 2-21　桥墩竖向裂缝

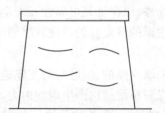

图 2-22　桥墩水平向裂缝

图 2-23　桥墩局部压碎

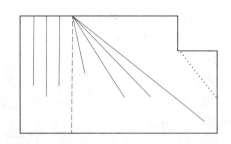

图 2-24 桥台支承垫石从上向下发展的裂缝

(一)墩(台)的保养、小修

(1)墩台表面应保持清洁,并及时清除青苔、杂草、荆棘和污秽。

(2)当圬工砌体表面部分严重风化和损坏时,应清除损坏部分后用与原结构物相同的材料补砌,应结合牢固,色泽和质地宜与原砌体一致。

(3)圬工砌体表面灰缝脱落时应重新勾缝。

(4)当混凝土表面发生侵蚀剥落、蜂窝麻面等病害时,应及时将周围凿毛洗净后做表面防护。

(5)当立交桥墩靠近机动车道时,宜在桥墩四周浇筑混凝土护墩。

(二)墩台的维修与加固

(1)当表面风化剥落深度在 30 mm 以内时,应采用 M10 以上的水泥砂浆修补;当剥落深度超过 30 mm,且损坏面积较大时,应增设钢筋网浇筑混凝土层,浇筑混凝土前应清除松浮部分,用水冲洗,并采用锚钉连接。

(2)墩台出现变形时应查明原因,采取针对性措施进行加固。

(3)当墩台裂缝超过表 2-7 所示,梁、拱、墩台恒载裂缝最大限值或表 2-13 所示圬工拱桥恒载裂缝最大限值时,应查明原因,采取下列措施进行加固:裂缝宽度小于规定限位时,应进行封闭处理;裂缝宽度大于规定限值且小于 0.5 mm 时,应灌浆;大于 0.5 mm 的裂缝应修补;当石砌圬工出现通缝和错缝时,应拆除部分石料,重新砌筑;当活动支座失灵造成墩台拉裂时,应修复或更换支座,并维修裂缝;对因基础不均匀沉降产生的自下而上的裂缝,应先加固基础,并应根据裂缝发展程度确定加固方法。

(4)桥台发生水平位移和倾斜,超过设计允许变形时,应分析原因,确定加固方案。

(5)桩或墩台的结构强度不足或桩柱有被碰撞、折断等损坏时应查明原因,进行加固处理。

(6)桥台锥坡及八字翼墙在洪水冲刷或填土沉落的作用下容易产生变形和勾缝脱落。修复时应夯实填土,常水位以下应采用浆砌片(块)石,并勾缝。

二、基础

桥梁基础分为浅基础和深基础两类。浅基础分为刚性扩大基础、单独和联合基础、条形基础、筏板和箱形基础;深基础可分为桩基础、沉井基础和混合基础。基础的病害主要表现为基础沉降和不均匀沉降、基础滑移和倾斜、结构物基础应力异常和开裂等。

浅基础埋置较浅、结构简单、施工方便,是建筑物最为常见的基础形式。在软土地基上的浅基础随着地基被压密,往往出现沉降,特别是不均匀沉降,对桥梁结构来说,这是极其危险的。应加以观察、分析并做好设防工作。

由于受到洪水的冲刷,墩(台)基础时常发生滑移病害,其病害程度与洪水的冲刷深度密切相关,如图 2-25 所示。因此,在桥梁基础维修与加固工作中应重点防治桥下河床冲刷。河床受到洪水冲刷后,首先桥墩前临水面地基土层被冲走,导致墩(台)基础侧向压力减小,使其产生侧向滑移。

图 2-25　基础受冲刷

（一）基础及地基保养、小修

(1)跨河桥梁上下游 50 ~ 500 m 的河床应稳定,并随时清理河床上的漂浮物和沉积物。不得在河床内建(构)筑物挖砂、采石。

(2)桥桩和桥梁从基础的边缘埋设的地下管线、各种窨井、地下构筑物,应经计算后采取加固措施,并应先加固、降水,再施工。

（二）基础的维修与加固

(1)当基础局部被冲空时,应及时填补冲空部分。当水深大于 3 m 时,除应及时填塞冲空部分,应比原基础宽 0.2 ~ 0.4 m。

(2)基础周围冲空范围较大时,除填补基底被冲空部分外,还应在基础四周加砌防护设施。

(3)严寒地区对浅桩冻拔或深桩环状冻裂,应在冰冻开始前进行保温防护。

(4)为防止桥墩被流冰和漂浮物撞击,可在桥墩上游设置菱形破冰体。

(5)当简支梁桥的墩台从基础均匀总沉降值大于 $2.0\sqrt{L}$ (cm)、相邻墩台均匀总沉降差值大于 $1.0\sqrt{L}$ (cm)或墩台顶面水平位移值大于 $0.5\sqrt{L}$ (cm)时,应及时对简支梁桥的墩台基础进行加固。总沉降值和总沉降差值不包括施工中的沉陷。L 为相邻墩台间最小跨径长度,以 m 计,跨径小于 25 m 时仍以 25 m 计。

第四节　抗震设施、人行通道、隧道的维修与养护

一、抗震设施养护

(1)桥梁的抗震设施应每年进行一次检查和养护,使其各部件(或构件)保持清洁、干燥及完好。在震后、汛期前后,应及时检查抗震设施的工作状态。

(2)当混凝土抗震设施出现裂缝、混凝土剥落及混凝土破碎等病害时,应及时进行养护、修补或更换。

(3)当抗震缓冲材料出现变形、损坏、腐蚀、老化等病害时,应及时进行维修或更换。

(4)抗震紧固件、连接件松动和残缺时,应及时紧固或补齐,并涂刷防锈涂层。

(5)型钢、钢板、钢筋制作的支撑、支架、拉杆、卡架等桥梁加固构件,应及时进行除锈

和防腐处理,若发现残缺损坏应及时进行维修和更换。

(6)桥梁横、纵向联结和限位的拉索,应完好、有效;高强钢丝绳、绳卡等应每两年进行一次涂油防锈处理,当发现松动时,应及时对高强钢丝绳进行紧固。

地震区的桥梁,在修建时未考虑地震因素的桩柱、墩台及基础,应验算在地震作用下的拆断倾覆及抗滑的稳定性。不能满足要求时,应进行加固。上部结构未设置抗震设施的,应增设防震设施。

二、人行通道养护

人行通道是人行立交过街设施,是利用立体交叉的形式,从根本上解决行人与车辆之间的冲突,缓和城市交通紧张状况的有效措施。人行地道是专供行人横穿道路用的地下通道,用于避免车流和人流平面相交时的冲突,保障人们安全地穿越,提高车速,减少交通事故。人行通道如图 2-26 所示。

图 2-26　人行通道

人行通道的养护应注意以下几点:

(1)人行通道内铺砌和装饰应完整、清洁和美观。

(2)人行通道应每季度检查一次,主体结构不得漏水,混凝土裂缝不得大于《城市桥梁养护技术规范》(CJJ 99—2003)的限值,墙体、顶板表面不得腐蚀、剥落。

(3)对无装饰的墙身宜 2～3 年粉饰一次,装饰物应完好、牢固,装饰材料应采用阻燃材料。

(4)人行通道内电器、电路、控制设备应每月检查一次。所有电气设备必须安全、可靠、有效,严禁漏电和超负荷运行。照明灯具应完好、有效。

(5)自动滚梯应有专人操作、维修、保养,执行厂方规定的使用维护说明书和安全操作规定,每年应按规定进行安检,安检不合格的严禁使用,超过安检期未安检的应停止使用,严禁带病运转。

(6)抽水泵站的电机、水泵等机械设备应按照有关机械保修规范进行保养。

(7)人行通道内排水通道应完好畅通。

（8）人行通道内应保持干燥、整洁、通风良好，不得有积水、积冰，通道口及梯道、坡道不得有积雪。

（9）人行通道口和梯道、坡道、扶手应完好、牢固，防滑条应完整、有效。坡道应平顺粗糙，不得有坑洞和油污等黏性易滑物质。

（10）人行通道结构不得敷设高压电缆、煤气管和其他可燃、易爆、有毒或有腐蚀性液（气）体管道。

三、隧道养护

隧道是修建在地下或水下或者在山体中，铺设铁路或修筑公路供机动车辆通行的建筑物。根据其所在位置可分为山岭隧道、水下隧道和城市隧道三大类。为缩短距离和避免大坡道而从山岭或丘陵下穿越的隧道，称为山岭隧道；为穿越河流或海峡而从河下或海底通过的隧道，称为水下隧道；为适应铁路通过大城市的需要而在城市地下穿越的隧道，称为城市隧道。这三类隧道中修建最多的是山岭隧道。

隧道在运营中会出现渗漏水（水害）、衬砌裂损、隧道冻害、衬砌腐蚀、震害和洞内空气污染等病害，还有火灾威胁。这些病害和危害对隧道的安全、舒适、正常运营有重要影响和威胁。

（一）隧道的病害

1. 水害

隧道漏水、涌水会导致衬砌裂破、隧底吊空、铺底或仰拱破碎、道床翻浆冒泥；严寒地区隧道，因漏水冻融以致衬砌损坏，结冰侵限，危及行车安全。常见水害如图2-27所示。

图2-27　水害

2. 衬砌裂损

隧道衬砌是承受地层压力、防止围岩变形坍落的工程主体建筑物。地层压力的大小，主要取决于工程地质、水文地质条件和围岩的物理力学特性，同时与施工方法、支护衬砌是否及时、工程质量的好坏等因素有关。形变压力作用、松动压力作用、地层沿隧道纵向分布及力学性态的不均匀作用、温度和收缩应力作用、围岩膨胀性或冻胀性压力作用、腐蚀性介质作用、施工中人为因素、运营车辆的循环荷载作用等，使隧道衬砌结构物产生裂缝和变形，影响隧道的正常使用，统称为隧道衬砌裂损病害，如图2-28～图2-31所示。

图 2-28　衬砌裂损

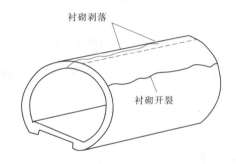

图 2-29　衬砌纵向裂损

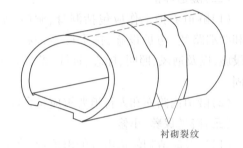

图 2-30　衬砌横向裂损

3.隧道冻害

隧道冻害主要是指渗漏的地下水通过混凝土裂缝渗出,在渗水点出口处受低温的影响冻结成冰,尤其在施工接缝处渗水点多,结冰明显,逐渐积累冰柱、冰溜子,如图 2-32 所示。施工时衬砌壁后留有空隙,渗透岩层的地下水就会在排水不通畅的情况下聚集在空隙内,结冰冻胀,产生冰冻压力,常年积累,冰冻压力就像楔子一样,使衬砌结构产生不可逆转的塑性变形。在围岩不良地段,当围岩层面含水较多时,拱部衬砌就会因冻胀压力而下沉、开裂,边墙墙中内鼓,墙顶内移,水渗入混凝土产生纵向和环向裂纹。

图 2-31　衬砌斜向裂损

图 2-32　隧道冻害

4.衬砌腐蚀

衬砌背后的腐蚀性环境水,容易沿衬砌的毛细孔、工作缝、变形缝及其他孔洞渗流到衬砌内侧,成为隧道渗漏水,对衬砌混凝土和砌石、灰缝产生物理性或化学性的侵蚀作用,造成衬砌腐蚀。隧道衬砌腐蚀分为物理性侵蚀和化学性腐蚀两类。隧道衬砌腐蚀使混凝土变疏松,强度下降,降低隧道衬砌的承载能力,还会导致钢轨及扣件腐蚀,缩短使用寿命,危及行车安全。产生腐蚀的三个要素是:①腐蚀介质的存在;②易腐蚀物质的存在;③地下水的存在且具有活动性。为确保隧道建筑物的安全使用,应积极对衬砌腐蚀病害进行防治。

5. 震害

地震的作用会使隧道发生剪切破坏、衬砌裂损甚至隧道坍塌,如图 2-33 所示。这无疑给隧道造成致命的伤害,因此在设计中应该充分考虑,避免隧道震害的发生。

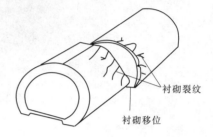

衬砌裂纹

衬砌移位

图 2-33　隧道剪切破坏

(二)隧道养护

(1)隧道养护工作应包括洞身、洞门、路面和两端路堑、防护设施、排水设施、洞口减光设施,以及通风、照明、标志、标线、监控、消防、防冻、消声等设施的检查、保养、维修和加固。

(2)隧道内路面和人行道要求应符合同等级道路技术标准的规定。

(三)隧道保养、小修

(1)应及时清扫隧道内外的坍落物、降道口边仰坡上的危石、积雪、积水和挂冰。

(2)各种标志、标线及反光部位应每季度清扫、刷新、修理一次,不得有污染、缺损。

(3)城市隧道保养周期不应大于 3 d;山岭隧道保养周期宜为 1~2 d;水下隧道应每天巡查 1~2 次,可建立监控系统。

(4)隧道衬砌的养护应符合下列规定:①隧道衬砌不得有大于 20 mm 的变形,开裂裂缝不得大于 5 mm,不得有渗漏。②隧道衬砌已稳定的裂缝可封闭。③衬砌变形、下沉、外倾、变质、腐蚀剥落严重,裂缝区域较大,影响衬砌强度时,应进行加固。④隧道内路面拱起、沉陷、错位、开裂,可采取下列加固措施:因围岩侧压力过大使侧墙内移而引起路面拱起时,应加固;路面局部沉陷、错位、严重碎裂时,应翻建。⑤隧道衬砌局部突然坍塌时,应暂时封闭交通,立即进行临时支护,随即重新衬砌施工。当坍穴过大时,应做回填设计后再施工。

第五节　桥梁附属设施的维修与养护

一、排水设施

(一)桥梁排水设施

桥梁排水设施的主要作用是迅速排除降落在桥面上的雨水,以免桥面积水而影响行车安全。有效的表面排水是确保公路正常运行和交通安全的重要措施。桥面积水若不能及时排除会造成水膜,大大降低桥面的抗滑能力,使高速运行的车辆无法正常刹车并易发生侧滑。同时,车辆的高速行驶会使桥面积水溅起,影响司机的视线,是导致雨天行车事故的重要原因。另外,桥面雨水滞留时间过长还会下渗到桥面铺装,并进一步渗透防水层至桥面结构,影响桥面铺装层的强度和稳定性,加速其损坏,甚至使桥面结构及主梁的钢筋因此锈蚀,缩短桥梁的使用寿命。

　　桥面排水设施主要是泄水管和排水槽。泄水管主要有竖向泄水管和横向泄水孔。竖向泄水管如图 2-34 所示,横向泄水孔如图 2-35 所示。

图 2-34　竖向泄水管

图 2-35　横向泄水孔

　　桥梁排水设施的病害主要表现为管体脱落、管口堵塞、盖板丢失,如图 2-36 ~ 图 2-38 所示。

(二)排水设施的养护

桥面泄水孔应完好、畅通、有效。

桥面泄水管、排水槽每年雨季前应全面检查、疏通,跨河桥梁泄水管下端露出部分不应少于 10 cm,立交桥泄水管出口宜高出地面 50 ~ 100 cm 或直接接入雨水系统。

立交桥除通过泄水管排水外,其他地方不得往桥下排水,冬季北方立交桥不得有冰凌悬挂。

图 2-36　管体脱落

图 2-37　管口堵塞

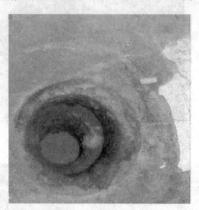

图 2-38　盖板丢失

二、防护设施

桥梁安全防护设施是桥梁通行安全的重要保障,在车流量大、车速高、陡坡、长坡、弯桥等危险路段,尤其应完善防护设施,避免因安全防护设施缺失、安全防护能力不足而形成安全隐患。桥梁安全防护设施主要包括防护栏杆、防护栅、防护栏、防护网、隔离带、防撞墙、防撞护栏、遮光板、绿色植物隔离带等。

防护栏杆设置的目的在于诱导视线,防止车辆因意外失控而冲出路基后跌落崖底(或河底),减轻事故车辆及人员的损伤程度,同时具有美化道路的作用。

防撞墙是桥面的重要组成部分,也常用于临崖、临河等临边高度较大的路段,如图 2-39 所示,避免车辆意外失控跌落桥下或冲出路面跌落崖底(或河底)而引发道路交通安全事故,同时也有诱导视线的作用。防撞墙通常是钢筋混凝土结构。

防护网是以钢丝绳网为主的各类柔性网,覆盖包裹在所需防护斜坡或岩石上,以限制岩石土体的风化剥落或破坏及围岩崩塌(加固作用),或将落石控制在一定范围内运动(围护作用),如图 2-40 所示。

防护设施养护的一般规定如下所述:

(1)桥梁的防护栏杆、防护栅、防护栏、防护网、隔离带、防撞墙、防撞护栏、遮光板、绿色植物隔离带等防护设施应完整、美观、有效,不得有断裂、松动、错位、缺件、剥落、锈蚀等

图 2-39　防撞墙

图 2-40　防护网

损坏现象。

（2）防护设施应色彩鲜艳醒目，不得有污秽。桥内绿化不得腐蚀桥梁结构和影响桥梁安全，不得影响桥梁养护、检查和行车安全。

（3）遮光板及各类指示标志应完整、有效，不得误挂和缺项，遮光板变形后应立即恢复。

（4）防撞墙、防撞栏杆不得缺损、变形，被撞损后，应在 3 ~ 7 d 内恢复。防撞墩、防撞栏杆养护应符合下列规定：

①防撞墩混凝土裂缝大于 3 mm、小于 5 mm 时，可灌缝封闭。

②表面露筋、钢筋未变形、拉断的，可做防腐处理后，用水泥砂浆修补。

③防撞墙混凝土裂缝大于 5 mm 时，可清除被撞坏的混凝土，重新浇筑混凝土。

④严禁使用砖砌筑代替原结构。被毁钢结构，应按原样恢复，严禁使用塑料管仿制。

在高路堤、桥头、临河路堤、陡坡等桥区，应安放防护栏。防护栏应完整、美观、有效，缺损期不得超过 7 d。快速路两侧应设置防护网，上跨快速路及铁路的天桥、有人行步道的立交桥两侧应设防护网，防护网应完整，美观、有效。损坏、变形修复期不得超过 7 d。

三、挡土墙、护坡

挡土墙是公路工程中常见的构造物,用于支撑天然边坡或人工填土边坡,以保持土体稳定,如图 2-41 所示。它广泛应用于支撑路堤或路堑边坡、隧道洞口、桥梁两端及河流岸边等。

图 2-41　挡土墙

护坡常用于坡面加固、边坡支撑等路段,其作用在于支撑边坡以保持坡体稳定,加强路基强度和稳定性,避免防护边坡遭受损坏,如图 2-42 所示。

图 2-42　护坡

(一)挡土墙、护坡的病害

挡土墙在修筑或使用时,由于荷载的作用和土体的自重作用及外部自然环境的影响,存在诸多的病害现象。比较常见的病害类型有:墙体出现表面裂缝,挡土墙的沉降出现破损堵塞,挡墙后面的填土出现沉陷,泄水孔存在堵塞,以及挡墙的墙体产生不均匀的沉降病害。挡土墙出现的沉降位移及裂缝如图 2-43 所示。

护坡由于暴露在自然环境中,除受到所处的地质及水文条件的影响外,还不断受到风化和雨水的冲刷破坏,以及人类活动的影响,因而往往会出现不同情况的边坡变形,进而

图 2-43　挡土墙出现的沉降位移及裂缝

发展成严重的路基病害。常见的有溜坍、坍塌、风化剥落和坡面冲刷四种类型。护坡坍塌如图 2-44 所示。

图 2-44　护坡坍塌

（二）挡土墙、护坡的养护

（1）挡土墙应坚固、耐用、完好。挡土墙应每季度检查一次，中雨以上降雨时巡检，挡土墙倾斜超过 20 mm 或鼓胀、位移，下沉超过 20 mm 时，应进行维修加固。挡土墙折断时，应及时加固，开裂超过 10 mm 时，应进行封闭。

（2）护坡应完好，下沉超过 30 mm、残缺超过 0.2 m² 时，应及时维修。

四、人行天桥附属物

梯道防滑条应完好、有效，梯道雨季不应积水。坡道、梯道冬季不应结冰、积雪，铺装完好、牢固，不得有大于 0.1 m² 的坑洞、大于 10 mm 的翘起或大于 0.2 m² 的空鼓。

栏杆应完好、清洁、直顺、坚固。严禁人群荷载超过设计标准。

封闭式天桥应清洁、通风，封闭结构应完好。

自动滚梯应有专人操作、维修、保养，执行厂方规定的使用维护说明书和安全操作规定，每年应按规定进行安检，安检不合格的严禁使用，超过安检期未安检的应停止使用，严禁带病运转。

天桥上方的架空线距桥面不满足安全距离时,桥上应设置安全护罩,护罩距桥面的距离不应小于 2.5 m。

五、声屏障、灯光装饰

声屏障应干净、有效、完整。损坏、缺失的应在一周内修补。

声屏障应每季度冲洗一次,吸声孔不得堵塞。应每年补充和更换老化的填充物。

新增设的声屏障不得影响桥梁结构安全,并应安装牢固。

桥梁安装灯光装饰,应设三道漏电保护装置,有专人维护保养,开彩灯期间宜有专人值班,关闭彩灯后应拉闸断电。彩灯装饰应完整、美观,缺损的应及时恢复。安装彩色灯光装饰时不得影响桥梁结构的完整耐久性,不得影响桥梁的养护维修。

六、调治构筑物

导流堤、梨形堤、丁坝、顺坝和格坝等调治构筑物,应保持完好,引导水流均匀、顺畅地通过桥孔。

洪水前后应巡查并及时清除调治构筑物上的漂浮物。

在雨季前,调治构筑物应检查维修一次,不得有大于 0.3 m² 的空洞缺损、大于 20 mm 的开裂或大于 0.2 m² 的塌陷和松散。

复习思考题

1. 根据《城市桥梁养护技术规范》(CJJ 99—2003)的相关规定,Ⅱ～Ⅴ类城市桥梁完好状态宜分为五个等级,对各级桥梁应怎样进行维修处理?

2. 经常性巡查分为哪两个层次?

3. 经常性检查应由谁负责? 由谁具体实施?

4. 定期检测分为哪两个层次?

5. 结构定期检测应由什么单位承担? 检测负责人应具备什么条件?

6. 特殊检测应由什么单位承担? 检测负责人应具备什么条件?

7. 城市桥梁的评定包括哪两类?

8. 桥梁适应性评定包括什么? 由哪个单位进行评定?

9. 各种类型桥梁有哪些情况时,即可直接评定为不合格级桥和 D 级桥?

10. 水泥混凝土铺装层的缺陷主要有哪些?

11. 沥青类铺装层的缺陷主要有哪些?

12. 伸缩缝的更换应注意哪些要点?

13. 支座的维修或更换,应符合哪些规定?

14. 圬工拱桥未设防水层或防水层损坏失效应怎么处理?

15. 钢结构多久保养一次? 多久检测一次?

16. 斜拉桥的斜拉索应多久进行一次索力测定? 若发现索力不均匀,偏离设计规定值较大,应怎样处理?

  17. 简述墩台的维修与加固的原则。

  18. 简述基础的维修与加固的原则。

  19. 隧道衬砌的养护应符合哪些规定?

  20. 桥梁排水设施的病害主要表现为哪些?

第三章　市政管渠的维修与养护

【教学目标】

　　1.了解市政排水管渠和泵站的常见术语和一般规定;

　　2.熟悉排水管道及附属构筑物养护的一般要求,掌握管道检查的方法和项目,掌握管道修理的常用方法,了解明渠维护和污泥处置的一般要求;

　　3.熟悉水泵、电气设备、进水与出水设施、仪表与自动设备、泵站辅助设施、消防设施的维修与养护要求。

　　进入21世纪,我国城镇建设发展迅猛,排水管渠与泵站设施成倍增加,但是由于技术、经济、设备、人员等原因,各城镇对已建成排水设施的维护差异甚大,许多设施得不到及时维护,有些还处于带病运行或超负荷运行的状态。因此,迫切需要对市政管渠进行维修与养护,以保证设施安全运行,充分发挥设施的服务功能,延长其使用寿命。

第一节　术语与基本规定

一、专业术语

(一)管渠术语

1.排水体制

排水体制是指在一个区域内收集、输送雨水和污水的方式,它有合流制和分流制两种基本方式。合流制,指用同一个排水系统收集、输送污水和雨水的排水方式。分流制,指用不同排水系统分别收集、输送污水和雨水的排水方式。

合流制的最大缺点是初期雨水污染水体,解决的方法是加大雨水截流倍数或建造雨水调蓄池。后者由于不增加污水处理厂和截流管的负荷而在国外得到广泛应用。其做法是将初期雨水储存起来,以推迟溢流时间并减少溢流水量,再将调蓄池内的污水泵送至污水处理厂处理。在分流制排水系统中,雨污水混接是造成水污染的主要原因;其次是初期雨水对水体的污染。国内外大量研究证明,受地面污染的初期雨水同样是很脏的。近年来国外已开始进行初期雨水处理的研究和工程实践,包括就地建造简易处理设施和送污水处理厂处理。

2.排水管道

在排水系统中,不同位置和作用的排水管指有各种名称,我国把排水管道由大到小分为四类,依次是主管、支管、连管、接户管。排水管道按管径划分为小型管(<600 mm)、中型管(600~1 000 mm)、大型管(1 000~1 500 mm)、特大型管(>1 500 mm)。

主管:沿道路纵向敷设,接纳道路两侧支管及输送上游管段来水的排水管道。

支管:连管和接户管的总称。

连管:连接雨水口与主管的管道。

接户管:连接排水户与主管的管道。

3.排水管网附属构筑物

检查井:排水管中连接上下游管道并供养护人员检查、维护或进入管内的构筑物。

溢流井:合流制排水系统中,用来控制雨水溢流的构筑物。当雨天水量超过设定的截流倍数时,合流污水越过堰顶排入水体。

跌水井:具有消能作用的检查井。

水封井:装有水封装置,可防止易燃、易爆等有害气体进入排水管的检查井。

雨水口:用于收集地面雨水的构筑物。雨水口按雨水算子设置的形式可分为平向雨水口和竖向雨水口两种;按底部形式又可分为有沉泥槽和无沉泥槽两种。

雨水算:安装在雨水口上部用于拦截杂物的格栅。

沉泥槽:雨水口或检查井底部加深的部分,用于沉积管道中的泥沙。

流槽:为保持流态稳定,避免水流因断面变化产生涡流现象而在检查井底部设置的弧形水槽。

爬梯:又称踏步,固定在检查井壁上供人员上下的装置。早期的爬梯大都采用铸铁材料,锈蚀后容易造成事故,建议采用塑钢等具有防腐性能的踏步。

倒虹管:管道遇到河流等障碍物不能按原有高程敷设时,采用从障碍物下面绕过的倒虹状管道。

盖板沟:由砖石砌成并在顶部安装盖板的矩形排水沟,其顶部通常没有覆土或覆土较浅,可揭开盖板进行维护作业。一些城市的旧城区曾经有过许多盖板沟,如北京的旧胡同内有明清时代留下的砖砌方沟,重庆等地有许多石砌的盖板沟。在方沟上连续加盖雨水算用于收集地面雨水的排水沟也是盖板沟的一种。

排放口:将雨水或处理后的污水排放至水体的构筑物。

潮门:为防止潮水倒灌而在排放口设置的单向阀门。

骑管井:一种采用特殊方法在旧管道上加建的检查井,在施工过程中不必拆除旧管道,也不需要断水作业。主要用于施工断水有困难的管道。

4.疏通方法与工具

(1)绞车疏通:采用绞车牵引通沟牛来铲除管道积泥的疏通方法。绞车疏通是目前我国许多城市管道的主要疏通方法。绞车疏通设备主要由三部分组成:①人力或机动牵引机(绞车)。②通沟牛,指在绞车疏通中使用的桶形、铲形等式样的铲泥工具。通沟牛通常为钢板制成的圆筒,中间隔断,还有用铁板夹橡胶板制成的圆板橡皮牛、钢丝刷牛、链条牛等。通沟牛在两端钢索的牵引下,在管道内来回拖动从而将污泥推至检查井内,然后进行清掏。③滑轮组,其作用是防止钢索与井口、管口直接摩擦,同时也起到减轻阻力、避免钢索磨损的作用。

(2)推杆疏通:用人力将竹片、钢条等工具推入管道内清除堵塞的疏通方法,按推杆的不同,又分为竹片疏通或钢条疏通等。同样用疏通杆来打通管道堵塞,采用直推前进的称为推杆,采用旋转前进的称为转杆。推杆的另一个作用是在绞车疏通前将钢索从一个检查井引到下一个检查井,简称引钢索。

(3)转杆疏通:采用旋转疏通杆的方式来清除管道堵塞的疏通方法,又称为软轴疏通或弹簧疏通。小型转杆的动力来自人力,较大的转杆疏通机则由电动机或内燃机驱动。转杆在室内排水管和小管道疏通中应用较多。

(4)射水疏通:采用高压射水清通管道的疏通方法。

(5)水力疏通:采用提高管渠上下游压力差,加大流速来疏通管渠的方法。

5. 管道检测方法

(1)染色检查:用染色剂在水中的行踪来显示管道走向,找出错误连接或事故点的检测方法。染色检查在国外经常使用,高锰酸钾是常用的染色剂。

(2)烟雾检查:用烟雾在管道中的行踪来显示错误连接或事故点的检测方法。烟雾检查适用于非满流的管道,检查时需要鼓风机和烟雾发生剂。

(3)电视检查:采用闭路电视进行管道检测的方法。电视检查具有图像清晰、操作安全、资料便于计算机管理等优点,是目前国外普遍采用的管道检查方法,其主要设备包括摄像头、照明灯、爬行器、电缆、显示器和控制系统等,有的还具有自动绘制管道纵断面的功能。

(4)声纳检查:采用声波技术对水下管道等设施进行检测的方法。声纳检查适用于水下检测,能显示管道的形状、积泥状况和管内异物,但很难看清裂缝、腐蚀等管道缺陷。

(5)时钟表示法:在管道检查中,采用时钟位置来描述缺陷出现在管道圆周位置的表示方法。用时钟表示法描述缺陷出现在管道圆周方向的位置,规定只用 4 个并列数字,其中前两位代表开始的钟点位置,后两位为结束的钟点位置,如 0507 表示管道底部 5 点至 7 点之间,0903 表示管道上半圆,0309 表示管道下半圆,1212 表示管道正上方 12 点。

(6)水力坡降试验法:通过对实际水面坡降线的测量和分析来检查管道运行状况的方法,又称降水试验或抽水试验,是检验管道排水效果的有效方法。

6. 管道封堵工具

(1)机械管塞:一种封堵小型管道的工具,由两块圆铁板和夹在中间的橡胶圈组成,通过螺栓压紧圆板,使橡胶圈向外膨胀从而将管塞固定在管内。

(2)充气管塞:一种采用橡胶气囊封堵管道的工具。按功能划分,管塞可分为封堵型和检测型两种,检测型管塞兼有封堵和通过向管内泵气或泵水来检测管道渗漏的功能。

(3)止水板:一种特制的封堵管道工具,由橡胶或泡沫塑料止水条、盖板和支撑杆组成。止水板与其他封堵方法不同,其封堵板大于管道直径,只能安装在管端外口,因此只适用于没有沉泥槽的检查井或有条件安装封堵板的场合。

7. 管道修理方法

(1)现场固化内衬:一种非开挖管道修理方法,将浸满热固性树脂的毡制软管用注水翻转或牵引等方法送入旧管内后再加热固化,在管内形成新的内衬管。现场固化内衬于 1971 年由英国人 Eric Wood 发明,又称翻转法或袜筒法。该工法适用于矩形、蛋形等特殊断面以及错口、变形的管道,还适用于重力流,也适用于压力流。现场固化内衬在燃气、给水、排水管道修复中都有广泛应用,按加热方法不同又可分为热水加热、喷淋加热、蒸汽加热和紫外线加热等。现场固化内衬的断面损失小,其壁厚可根据埋深、压力和使用年限来确定。

（2）螺旋内衬：一种非开挖排水管修理方法，通过安放在井内的制管机将塑料板带绕制成螺旋状管并不断向旧管道内推进，在管内形成新的内衬管。螺旋内衬由澳大利亚Rib-loc公司发明，又称Rib-loc工法，螺旋管最早曾作为一种无接口的塑料管材，直接用于开槽埋管。螺旋内衬又可分为紧贴旧管壁和不紧贴旧管壁两种，前者称为膨胀螺旋管，安装在井内的制管机先将带状塑料板材绕制成比旧管道略小的螺旋管，推送到头后继续旋转使其膨胀，直到和旧管壁贴紧；后者则需要向管壁之间的缝隙中注入水泥浆使新旧管道结合成整体。螺旋内衬的优点是可以带水作业且适用于300~3 000 mm的各种管径。

（3）短管内衬：一种非开挖排水管修理方法，将特制的塑料短管在井内连接，然后逐节向旧管内推进，最后在新旧管道的空隙间注入水泥浆固定，形成新的内衬。短管内衬在国内外都有应用，小型短管从检查井送入井内，在井内完成接口连接，然后整段管道以列车状向前推进，最后从管段一端向塑料管与母管之间的缝隙间灌入水泥浆。大中型短管需要拆除检查井的收口，每次只向管内推进一节管道，在管内完成接口安装，大中型管可采用在内衬管顶部钻孔注浆的方法，使注浆更密实。短管内衬适用于各种管径，设备简单、造价低，其缺点是在采用常规管径系列作内衬时断面损失较大，其次是灌浆时内衬管上浮，会造成管底坡降起伏。

（4）拉管内衬：一种非开挖管道修理方法，采用牵引机将整条塑料管由工作坑或检查井拉进旧管内，形成新的内衬管。凡是将整条塑料管由工作坑或检查井牵引到旧管道内完成内衬安装的都可称为拉管内衬。大部分拉管内衬只适用于小型管并需要开挖工作坑。拉管内衬在燃气、石油、给水等管道中应用相对较多。常用的拉管内衬方法包括滑衬法、折叠内衬、挤压内衬等。

（5）自立内衬管：能够不依靠旧管道的强度而独立承受各种荷载的内衬管。自立内衬管一词源自日文"自立管"，在欧美称为"全结构管"。内衬管能否独立承受各种压力需经计算确定。

（二）泵站术语

1. 泵站与泵房

泵站：泵房及其配套设施的总称。

排水泵站：污水泵站、雨水泵站和合流污水泵站的统称。

雨水泵站：在分流制排水系统中，抽送雨水的泵站。

污水泵站：在分流制排水系统中，抽送生活污水、工业废水或截流初期雨水的泵站。

合流污水泵站：在合流制排水系统中，抽送污水、截流初期雨水和雨水的泵站。

泵房：设置水泵机组、电气设备和管道、闸阀等设备的建筑物。

2. 配套设施

格栅：一种栅条形的隔污设施，用以拦截水中较大尺寸的漂浮物或其他杂物。

格栅除污机：用机械的方法，将格栅截留的栅渣清捞出水面的设备。

拍门：在排水管渠出水口或通向水体的水泵出水口上设置的单向启闭阀，防止水流倒灌。

开式螺旋泵：泵体流槽敞开，扬程一般不超过5 m，螺旋叶片转速较低的提水设备。

柔性止回阀:防止管道或设备中介质倒流的设备,又称鸭嘴阀,采用具有弹性的橡胶制成。

螺旋输送机:利用螺旋叶片在 U 形流槽内旋转过程中的轴向容积变化,推动栅渣作轴向位移的机械。

螺旋压榨机:利用螺旋叶片在 U 形流槽内的轴向旋转挤推作用,将栅渣带入有锥度的脱水筒中脱水的机械。

二、其他

惰走时间:旋转运动的机械失去驱动力后至静止的这段惯性行走时间。

盘车:旋转机械在无驱动力情况下,用人力或借助于专用工具将转子低速转动的动作过程。

第二节 排水管渠的维修与养护

一、一般规定

排水管渠应定期检查、定期维护,保持良好的水力功能和结构状况。定期检查的目的是及时发现问题,及时进行维护;保持管道水力功能的目的是保证管道畅通;保持良好结构状态的目的是延长管道使用寿命。

排水管理部门应定期对排水户进行水质、水量检测,并应建立管理档案,对排水户检测的主要项目各地可根据实际情况确定,检测周期不宜大于 6 个月。排水户的管理档案应包括主要产品、主要污染物、生产工艺、水质水量、废水处理工艺、排放口管径、排放口位置及平面图等。对达不到排放标准的排水户,排水管理部门应要求其采取处理措施;对有泥浆排入排水管道的建筑工地,排水管理部门应要求其设置沉淀池等临时处理设施。排放水质应符合《污水排入城市下水道水质标准》(CJ 3082—1999)的规定。医院排水还应符合《医院污水排放标准》(GBJ 48—1983)的规定。

管渠维护必须执行《排水管道维护安全技术规程》(CJJ 6—2009)的规定,排水管渠维护宜采用机械作业。排水管渠应明确其雨水管渠、污水管渠或合流管渠的类型属性,在分流制排水地区,严禁雨水、污水混接,污水管道的正常运行水位不应高于设计充满度所对应的水位。

二、管道养护

排水管道应定期巡视,巡视内容应包括污水冒溢、晴天雨水口积水、井盖和雨水箅缺损、管道塌陷、违章占压、违章排放、私自接管,以及影响管道排水的工程施工等情况。排水管理部门应制订本地区的排水管道养护质量检查办法,并定期对排水管道的运行状况等进行抽查,养护质量检查不应少于 3 个月一次。定期进行养护质量检查是制订维护计划的依据,又是考核养护单位工作的需要,各地都有自己的一套办法和经验。

（一）管道、检查井和雨水口养护规定

（1）管道、检查井和雨水口内不得留有石块等阻碍排水的杂物，其允许积泥深度应符合表 3-1 的规定。排水管道的允许最大积泥深度标准在各地曾有一些差异，如上海规定的允许积泥深度就比较复杂：大中型管是管径的 1/5，小型管是管径的 1/4，蛋形管是管径的 1/30。

表 3-1　管道、检查井和雨水口的允许积泥深度

设施类别		允许积泥深度
管道		管径的 1/5
检查井	有沉泥槽	管底以下 50 mm
	无沉泥槽	主管径的 1/5
雨水口	有沉泥槽	管底以下 50 mm
	无沉泥槽	管底以上 50 mm

管道淤积与季节、地面环境、管道流速等诸多因素有关，只有掌握管道积泥规律，才能选择合适的养护周期，达到用较少的费用取得最佳养护效果的目的。在一般情况下，雨季的养护周期比旱季短；旧城区的养护周期比新建住宅区短；低级道路的养护周期比高级道路短；小型管的养护周期比大型管短。

（2）检查井日常巡视检查包括外部巡视和内部检查。外部巡视的主要内容有井盖埋没、井盖丢失、井盖破损、井框破损、盖框间隙和高差、盖框突出或凹陷、跳动和声响、周边路面破损、井盖标识错误等；内部检查的主要内容有爬梯松动、锈蚀或缺损，链条或锁具损坏，井壁泥垢、井壁裂缝、井壁渗漏、抹面脱落、管口孔洞、流槽破损、井底积泥、水流不畅、浮渣等。

（3）检查井盖和雨水箅的维护应符合相关技术标准，铸铁井盖应满足《铸铁检查井盖》（CJ/T 3012—1993）、混凝土井盖应满足《钢纤维混凝土井盖》（JC 889—2001）、塑料树脂类井盖应满足《再生树脂复合材料检查井盖》（CJ/T 121—2000）、塑料树脂类水箅应满足《再生树脂复合材料水箅》（CJ/T 130—2001）的规定。在车辆经过时，井盖不应出现跳动和声响，防止井盖跳动的措施首先是提高井盖加工精度，其中包括对铸铁井盖与井座的接触面进行车削加工，以及在井盖和井框的接触面安装防震橡胶圈。井盖与井框间的允许误差应符合表 3-2 的规定。

表 3-2　井盖与井框间的允许误差　　　　（单位：mm）

设施种类	盖框间隙	井盖与井框高差	井框与路面高差
检查井	<8	+5，-10	+15，-15
雨水口	<8	0，-10	0，-15

井盖的标识必须与管道的属性一致，雨水、污水、雨污合流管道的井盖上应分别标注"雨水""污水""合流"等标识。井盖表面除必须标记管道种类外，还可以进行编号管理，如日本的有些井盖上就留有编号孔，通过在编号孔内嵌入数字块的方法来实现灵活编号。铸铁井盖和雨水箅宜加装防丢失的装置，或采用混凝土、塑料树脂等非金属材料的井盖，

为了防止井盖边角破碎,可以在井盖周边加一道铁箍;为了增加混凝土的抗拉强度,可以在混凝土中掺入钢纤维。当发现井盖缺失或损坏后,必须及时安放护栏和警示标志,并应在 8 h 内恢复。雨水箅更换后的过水断面不得小于原设计标准,以避免采用非金属材料防盗雨水箅后过水断面减小,影响排水效果。

(4)雨水口日常巡视检查包括外部检查和内部检查。外部检查包括雨水箅丢失和破损、雨水口框破损、盖框间隙和高差、孔眼堵塞、雨水口框突出、异臭等;内部检查包括铰或链条损坏、裂缝或渗漏、抹面剥落、积泥或杂物、水流受阻、私接连管、井体倾斜、连管异常、滋生蚊蝇等。

在合流制地区,雨水口异臭是影响城镇环境的一个突出问题。国外的解决方法是在雨水口内安装防臭挡板或水封。日本的防臭挡板类似于在三角形漏斗的出口处装一扇薄的拍门,平时拍门靠重力自动关闭,下雨时利用水压力自动打开。安装水封也有两种做法:一是采用带水封的预制雨水口,这种方法曾广泛采用;二是给普通雨水口加装塑料水封,水封的缺点是在少雨的季节会因缺水而失效。

(5)检查井、雨水口的清掏宜采用吸泥车、抓泥车等机械设备。管道疏通宜采用推杆疏通、转杆疏通、射水疏通、绞车疏通、水力疏通或人工铲挖等方法,各种疏通方法的适用范围宜符合表 3-3 的要求。

表 3-3　管道疏通方法及适用范围

疏通方法	小型管	中型管	大型管	特大型管	倒虹管	压力管	盖板沟
推杆疏通	√	—	—	—	—	—	—
转杆疏通	√	—	—	—	—	—	—
射水疏通	√	√	—	—	√	—	√
绞车疏通	√	√	√	—	√	—	√
水力疏通	√	√	√	√	√	√	√
人工铲挖	—	—	√	√	—	—	√

注:表中"√"表示适用;"—"表示不适用。

在各种疏通方法中,水力疏通是一种最好的方法,具有设备简单、效率高、疏通质量好、成本低、能耗省、适用范围广的优点,因此在欧美等发达国家和地区普遍被采用。水力疏通一般可采用三种方式来达到加大流速的目的:①在管道中安装自动或手动闸门,蓄高水位后突然开启闸门,形成大流速;②暂停提升泵站运转,蓄高水位后再集中开泵,形成大流速;③用施放水力疏通浮球的方法来减小过水断面,达到加大流速、清除污泥的目的。

高压射水和真空吸泥是国外管道养护的主要方法,近年来在国内的应用也在不断增多。射水车利用高达 15 MPa 左右的高压水束将管道内的污泥冲至井内,再用吸泥车等方法取出。吸泥车按工作原理可分为真空式、风机式和混合式三种。真空式吸泥车,采用气体静压原理,工作过程是由真空泵抽去储泥罐内的空气,产生负压,利用大气压力把井下的泥水吸进储泥罐。真空式吸泥车适用于管道满水的场合,抽吸深度受大气压限制;风机式吸泥车,采用空气动力学的原理,利用管内气流的动力把污泥带进储泥罐,适用于管道少水的场合,抽吸深度不受真空度限制;混合式吸泥车,采用大功率真空泵,兼有储气罐产生高负压和吸管产生较强气流的功能,适用于管道满水和少水的场合,抽吸深度不受真空度限制。

欧美国家和地区大多采用集吸泥和射水功能于一体的联合吸泥车,联合吸泥车体积庞大,影响交通。日本和我国台湾则大多采用两辆体积较小的车,一台吸泥、一台射水,对交通的影响较小。近年来广州、上海等城市在采用吸泥车的同时开始使用抓泥车并取得很好的效果。国产抓泥车装有液压抓斗,价格低,车型比吸泥车小,对道路交通的影响小,污泥含水量也比吸泥车低许多。

关于雨水口清掏方法,德国普遍采用的一种做法是安装雨水口网篮,这种网篮用镀锌铁板制成,四周开有渗水孔。雨水口网篮构造简单,操作方便,只需提出网篮将垃圾倒入污泥车中即可。

(二)倒虹管的养护

倒虹管养护宜采用水力冲洗的方法,冲洗流速不宜小于 1.2 m/s。在建有双排倒虹管的地方,可采用关闭其中一条,集中水量冲洗另一条的方法。过河倒虹管的河床覆土不应小于 0.5 m。在河床受冲刷的地方,应每年检查一次倒虹管的覆土状况。在通航河道上设置的倒虹管保护标志应定期检查和油漆,保持结构完好和字迹清晰。对过河倒虹管进行检修前,当需要抽空管道时,必须先进行抗浮验算。

防止倒虹管淤积的最好方法是使倒虹管达到自清流速。在直线型倒虹管中,由于下游上升竖井的截面尺寸通常大于倒虹管截面,所以很难达到自清流速。经验证明,如果将倒虹井上升段的截面缩小到与水平倒虹管相等,就会产生较好的防淤积效果。

(三)压力管的养护

压力管应定期巡视,及时发现并修理渗漏、冒溢等情况;压力管应采用满负荷开泵的方式进行水力冲洗,至少每 3 个月一次;定期清除透气井内的浮渣,保持排气阀、压力井、透气井等附属设施的完好有效;定期开盖检查压力井盖板,若发现盖板锈蚀、密封垫老化、井体裂缝、管内积泥等情况应及时维修和保养。压力井定期开盖检查的周期建议采用 2 年一次。

(四)盖板沟、潮门和闸门的养护

保持盖板不翘动、无缺损、无断裂、不露筋、接缝紧密;无覆土的盖板沟其相邻盖板之间的高差不应大于 15 mm,盖板沟的积泥深度不应超过设计水深的 1/5,保持墙体无倾斜、无裂缝、无空洞、无渗漏。规定无覆土的盖板沟的相邻盖板之间的高差不应大于 15 mm 的目的是,防止行人被绊倒。

潮门应保持闭合紧密,启闭灵活;吊臂、吊环、螺栓无缺损;潮门前无积泥、无杂物,汛期潮门检查每月不应少于一次;拷铲、油漆、注油润滑、更换零件等重点保养应每年一次。

闸门的维护应符合《城镇排水管渠与泵站维护技术规程》(CJJ 68—2007)的规定。

(五)排放口的维护

1. 岸边式排放口

定期巡视,及时维护,发现和制止在排放口附近堆物、搭建、倾倒垃圾等情况,排放口挡墙、护坡及跌水消能设备应保持结构完好,若发现裂缝、倾斜等损坏现象应及时修理;对埋深低于河滩的排放口,应在每年枯水期进行疏浚;当排放口管底高于河滩 1 m 以上时,应根据冲刷情况采取阶梯跌水等消能措施。

2. 江心式排放口

江心式排放口周围水域不得进行拉网捕鱼、船只抛锚或工程作业；排放口标志牌应定期检查和刷油漆，保持结构完好、字迹清晰；排放口宜采用潜水的方法，对河床变化、管道淤塞、构件腐蚀和水下生物附着等情况进行检查；排放口应定期采用满负荷开泵的方法进行水力冲洗，保持排放管和喷射口的畅通，每年冲洗的次数不应少于 2 次。

(六)寒冷地区冬季排水管道养护

冰冻前，应对雨水口采用编织袋、麻袋或木屑等保温材料覆盖的防冻措施；发现管道冰冻堵塞时，应及时采用蒸汽化冻；融冻后，应及时清除用于覆盖雨水口的保温材料，并清除随融雪流入管道的杂物。

三、管道检查

近年来，由于技术进步和经济补偿措施的落实，通信光缆借用排水管道的技术发展很快，一些国家制定了相应的技术标准和管理法规。我国杭州等城市也进行过这类试验工程。光缆通过排水管进入千家万户，可以减少路面开挖，降低线缆施工造价，而排水维护部门又能得到一笔不小的经济补偿，可以弥补维护经费不足的现状。随着城市的发展、地下管线的增多，地下空间资源共享的观念现在已经被越来越多的人接受。

(一)检查项目

排水管道检查可分为管道状况普查、移交接管检查和应急事故检查等。管道缺陷在管段中的位置应采用该缺陷点离起始井之间的距离来描述，缺陷在管道圆周的位置应采用时钟表示法来描述。

管道状况普查可分为功能状况和结构状况两类，主要检查项目应包括表 3-4 中的内容。管道功能状况检查的方法相对简单，加上管道积泥情况变化较快，所以功能状况的检查周期较短，检查周期宜采用 1～2 年一次；管道结构状况变化相对较慢，检查技术复杂且费用较高，故检查周期较长，检查周期宜采用 5～10 年一次(德国一般采用 8 年一次，日本采用 5～10 年一次)。流沙易发地区的管道、管龄 30 年以上的管道、施工质量差的管道和重要管道的检查周期可相应缩短。

表 3-4　管道状况主要检查项目

检查类别	功能状况	结构状况
检查项目	管道积泥	裂缝
	检查井积泥	变形
	雨水口积泥	腐蚀
	排放口积泥	错口
	泥垢和油脂	脱节
	树根	破损与孔洞
	水位和水流	渗漏
	残墙、坝根	异管穿入

注：表中的积泥包括泥沙、碎砖石、固结的水泥浆及其他异物。

移交接管检查的主要项目应包括渗漏、错口、积水、泥沙、碎砖石、固结的水泥浆、未拆清的残墙、坝根等。

应急事故检查的主要项目应包括渗漏、裂缝、变形、错口、积水等。

（二）检查方法

管道检查可采用人员进入管内检查、反光镜检查、电视检查、声纳检查、潜水检查或水力坡降检查等方法。各种检查方法的适用范围应符合表3-5的要求。

表3-5　管道检查方法及适用范围

检查方法	中小型管道	大型以上管道	倒虹管	检查井
人员进入管内检查	—	√	—	√
反光镜检查	√	√	—	√
电视检查	√	√	√	—
声纳检查	√	√	√	—
潜水检查	—	√	—	√
水力坡降检查	√	√	√	

注："√"表示适用。

对人员进入管内检查的管道，其直径不得小于 800 mm，流速不得大于 0.5 m/s，水深不大于 0.5 m。人员进入管内检查宜采用摄影或摄像的记录方式，可以让更多的人了解管道情况，便于进行讨论和分析，而且有利于检查资料的保存。

以结构状况为目的的电视检查，在检查前应采用高压射水将管壁清洗干净，否则管道的细小裂缝和轻度腐蚀就无法看清。这是一种将反光镜和电视检查结合在一起的工具：电视摄像头被安装在金属杆上，放入井内后可以 360°旋转，在灯光照射下能看清管内 30 m 以内的管道状况。其清晰度虽不及带爬行器的电视摄像机，但远胜于反光镜。井内电视的优点是检查速度快、成本低，电视影像既可现场观看、分析，也便于计算机储存。

采用声纳检查时，管内水深不宜小于 300 mm。声纳检查已经在上海等城市的排水管道中得到应用，在查处违章排放污泥堵塞管道的举证方面特别有效。其设备主要由声纳发射接收器、漂浮筏、线缆、显示屏和控制系统组成。声纳只能用于水下物体的检查，可以显示管道某一断面的形状、积泥状况、管内异物，但无法显示裂缝等细节。声纳和电视一起配合使用可以获得很好的互补效果，有一种将两者组合在一起的检查方法，即在漂浮筏的上方安装电视摄像头，下方安装声纳发射器，在水深半管左右的管道中可同时完成电视和声纳两种检查。

采用潜水检查的管道，其管径不得小于 1 200 mm，流速不得大于 0.5 m/s。从事管道潜水检查作业的单位和潜水员必须具有特种作业资质。潜水员发现情况后，应及时用对讲机向地面报告，并由地面记录员当场记录，以避免回到地面凭记忆讲述时忘记许多细节，也便于地面指挥人员及时向潜水员询问情况。

水力坡降检查应选择在低水位时进行。水力坡降检查前,应查明管道的管径、管底高程、地面高程和检查井之间的距离等基础资料。泵站抽水范围内的管道,也可从开泵前的静止水位开始,分别测出开泵后不同时间水力坡降线的变化;同一条水力坡降线的各个测点必须在同一个时间测得,测量结果应绘成水力坡降图,坡降图的竖向比例应大于横向比例。水力坡降图中应包括地面坡降线、管底坡降线、管顶坡降线,以及一条或数条不同时间的水面坡降线。为保证在同一时间获得各测量点的准确水位,在进行水力坡降试验时必须在每个测点至少安排一个人。

四、管道修理

(一)一般规定

重力流排水管道严禁采用上跨障碍物的敷设方式,上跨障碍物的敷设方法俗称"上倒虹",在实际工作中这种情况偶然也会发生,但是采用"上倒虹"的重力流管道对排水畅通极为有害。

污水管、合流管和位于地下水位以下的雨水管应选用柔性接口的管道。在地下水位低于管道的地区是为了防止污染地下水,在地下水位高于管道的地区是为了减少地下水渗入,减轻管网和污水处理厂的额外负荷,以及防止因渗漏造成的水土流失和地面坍塌。

(二)管道开挖修理

管道开挖修理应符合《给水排水管道工程施工及验收规范》(GB 50268—2008)的规定。

1.封堵管道

管道修理前,需要封堵管道。封堵管道必须经排水管理部门批准,封堵前应做好临时排水措施,擅自堵管道后容易造成道路积水、污水冒溢和由此引起的雨污混接。

封堵管道应先封上游管口,再封下游管口;拆除封堵时,应先拆下游管堵,再拆上游管堵。封堵管道可采用充气管塞、机械管塞、木塞、止水板、黏土麻袋或墙体等方法。选用封堵方法应符合表3-6的要求。

表3-6　管道封堵方法

封堵方法	小型管	中型管	大型管	特大型管
充气管塞	√	√	√	—
机械管塞	√	—	—	—
止水板	√	√	√	√
木塞	√	—	—	—
黏土麻袋	√	—	—	—
墙体	√	√	√	√

注:表中"√"表示适用。

采用充气管塞封堵管道时,管塞必须合格,管塞所承受的水压不得大于该管塞的最大允许压力,安放管塞的部位不得留有石子等杂物,应做好防滑动支撑措施。充气时应按规定的压力充气,在使用期间必须有专人每天检查气压状况,发现低于规定气压时必须及时补气。拆除管塞时应缓慢放气,并在下游安放拦截设备;放气时,井下操作人员不得在井内停留。

已变形的管道不得采用机械管塞或木塞封堵。

带流槽的管道不得采用止水板封堵。

采用墙体封堵管道时,应根据水压和管径选择墙体的安全厚度,必要时应加设支撑。大管径、深水位管道的墙体封拆,可采用潜水作业。在流水的管道中封堵时,宜在墙体中预埋一个或多个小口径短管,用于维持流水,当墙体达到使用强度后,再将预留孔封堵。拆除墙体前,应先拆除预埋短管内的管堵,放水降低上游水位;放水过程中人员不得在井内停留,待水流正常后方可开始拆除。墙体必须彻底拆除,并清理干净。

2. 支管接入主管

支管应在接入检查井后与主管连通。支管不通过检查井直接插入主管的做法俗称暗接。不许暗接的目的是,避免在主管上打洞而造成管道损坏和连接部位渗漏;管道养护时,竹片等疏通工具也容易在暗接处卡住或断落。因此,在现阶段规定支管应通过检查井连通是必要的。国外大多允许支管暗接,其出发点是为了减少道路上检查井的数量,使道路更平整;在工艺上,由于国外的暗接承口大多在工厂预制,解决了开洞损坏管道和连接质量问题;在养护方法上广泛采用了射水疏通和电视检查,使支管暗接变得可行。

当支管管底低于主管管顶高度时,其水流的转角不应小于90°,以避免水流干扰,减少水头损失。支管接入检查井后,检查井凿孔与管头之间的空隙必须采用水泥砂浆填实,并内外抹光,雨水管或合流管的接户井底部宜设置沉泥槽,减少主管沉泥。

3. 井框升降

用于井框升降的衬垫材料,在机动车道下应采用强度等级为C25及以上的现浇或预制混凝土。井框与路面的高差应符合《城镇排水管渠与泵站维护技术规程》(CJJ 68—2007)要求;井壁内的升高部分应采用水泥砂浆抹平。在井框升降后的养护期间,应采用施工围栏保护和警示。

4. 旧管上加井

当接入支管的管底低于旧管管顶高度时,加井应按新砌检查井的标准砌筑;当接入支管的管底高于旧管管顶高度时,可采用骑管井的方式在不断水的情况下加建新井。骑管井的荷载不得全部落在旧管上,骑管井的混凝土基础应低于主管的半管高度,靠近旧管上半圆的墙体应砌成拱形。在旧管上凿孔应采用机械切割或钻孔,不得损伤管道结构,不得将水泥碎块遗留在管内。

(三)管道非开挖修理

管道非开挖修理可分为局部修理和整体修理两种,只对接口等损坏点进行的修理称为局部修理,也称点状修理。如果管道本身质量较好,仅仅出现接口渗漏等局部缺陷,采用局部修理比较经济。出现中等以上腐蚀或裂缝的管道应采用整体修理,强度已削弱的管道,在选择整体修理时应采用自立内衬管设计。选用非开挖修理方法应符合表3-7的要求。

表3-7　非开挖修理的方法

修理方法		小型管	中型管	大型以上	检查井
局部修理	钻孔注浆	—	—	√	√
	嵌补法	—	—	√	√
	套环法	—	—	√	—
	局部内衬	—	—	√	√
整体修理	现场固化内衬	√	√	√	√
	螺旋管内衬	√	√	√	—
	短管内衬	√	√	√	√
	拉管内衬	√	√		
	涂层内衬	—	—	√	√

注:表中"√"表示适用。

常用的局部修理方法有:

(1)钻孔注浆:对管道周围土体进行注浆,可以形成隔水帷幕防止渗漏,填充因水土流失造成的空洞和增加地基承载力。注浆材料有水泥浆和化学浆两大类,水泥浆价格便宜,但止水效果稍差。为了加快水泥浆凝固,可以添加2%左右的水玻璃;为降低注浆费用,可在水泥浆中添加适量粉煤灰。化学浆的材料主要是可遇水膨胀的聚氨酯。注浆可采用地面向下和管内向外两种注浆方法,大型管道采用管内向外钻孔注浆可以使管道周围浆液分布更均匀,更节省。钻孔注浆法的可靠性较差,检查和评定注浆质量也很困难。钻孔注浆法通常只能作为一种辅助措施与嵌补法、套环法等配合使用。

(2)嵌补法:嵌补裂缝的材料可分为刚性和柔性两种,常用的刚性材料有石棉水泥、双A水泥砂浆等;常用的柔性材料有沥青麻丝、聚硫密封胶、聚氨酯等,柔性材料的抗变形能力强,堵漏效果更好。嵌补法的施工质量受操作环境和人为因素的影响较大,稳定性和可靠性比较差,检查和评定嵌补质量也很困难,因此应对采用裂缝嵌补的管道进行定期回访检查。

(3)套环法:在管道接口或局部损坏部位安装止水套环。套环材料有普通钢板、不锈钢板、PVC板等,套环在安装前通常被分成2~3片,安装时用螺栓、楔形块、卡口等方式使套环连成整体并紧贴母管内壁;套环与母管之间可采用止水橡胶圈或用化学材料填充。套环法的质量稳定性较好,但对水流形态和过水断面有一定影响。

(四)管道废除

主管的废除和迁移必须经排水管理部门批准。

除原位翻建的工程外,旧管道应在所有支管都已接入新管后方可废除。被废除的排水管宜拆除;对不能拆除的,应作填实处理。检查井或雨水口废除后,应作填实处理,并应拆除井框等上部结构。旧管废除后应及时修改管道图,调整设施量。

五、明渠维护

明渠维护和管道维护方式差异较大,因各地明渠的形式、维护方式和管理不尽相同。

(一)定期巡视

明渠应定期巡视,当发现下列行为之一时,应及时制止:向明渠内倾倒垃圾、粪便、残土、废渣等废弃物;圈占明渠或在明渠控制范围内修建各种建(构)筑物;在明渠控制范围内挖洞、取土、采砂、打井、开沟、种植及堆放物件;擅自向明渠内接入排水管,在明渠内筑坝截水、安泵抽水、私自建闸、架桥或架设跨渠管线;向雨水渠中排放污水。

(二)检查与维护

定期打捞水面漂浮物,保持水面整洁;及时清理落入渠内阻碍明渠排水的障碍物,保持水流畅通;定期整修土渠边坡,保持线形顺直,边坡整齐;每年枯水期应对明渠进行一次淤积情况检查,明渠的最大积泥深度不应超过设计水深的1/5;明渠清淤深度不得低于护岸坡脚顶面;定期检查块石渠岸的护坡、挡土墙和压顶;若发现裂缝、沉陷、倾斜、缺损、风化、勾缝脱落等,应及时修理;定期检查护栏、里程桩、警告牌等明渠附属设施,应保持完好;明渠宜每隔一定距离设清淤运输坡道。

(三)明渠废除

明渠的废除必须经排水管理部门批准,废除的构筑物应及时拆除。

六、污泥运输与处置

污泥可采用罐车、自卸卡车或污泥拖斗运输,也可采用水陆联运。在运输过程中,应做到污泥不落地、沿途无撒落,污泥运输车辆应加盖,并应定期清洗,保持整洁;在长距离运输前,污泥宜进行脱水处理,减少运输量,节约运输成本,脱水过程可在中转站进行或送污水处理厂处理,脱水的简易方法有重力浓缩、絮凝浓缩等。污泥盛器和车辆在街道上停放时,应设置安全标志,夜间应悬挂警示灯。疏通作业完毕后,应及时撤离现场。

污泥处置不得对环境造成污染,在送处置场前,污泥应进行脱水处理。在国外,有不少通沟污泥被直接送至污水处理厂统一处理,污泥中的沙土、有机物和污水在污水厂的各处理阶段中可得到有效处理。在日本,有的城市建有专门的通沟污泥处理厂,采用筛分、碾碎、冲洗和絮凝沉淀等方法进行处理,最后被分离成沙粒、污泥、垃圾和污水。其中的沙石颗粒被用作筑路材料,污泥用于绿化堆肥,垃圾采用焚烧或填埋等方式处理,污水送污水处理厂处理。

七、档案与信息管理

(一)档案管理

排水设施维护管理部门应建立健全排水管网档案资料管理制度,配备专职档案资料管理人员。排水管网档案资料应包括工程竣工资料、维修资料、管道检查资料及管网图等。工程竣工后,排水设施管理部门应对建设单位移交的竣工资料按有关规定及时归档。排水设施管理部门应绘制能准确反映辖区内管网情况的排水管网图,设施变化后管网图应及时修测。排水管网图中应包括表3-8所列举的内容。

表 3-8　排水管网图的主要内容

图名	排水系统图	排水管详图
比例尺	1:2 000 至 1:20 000	1:500 至 1:2 000
内容	排水系统边界	检查井
	泵站及排放口位置	雨水口
	泵站、污水厂名称	接户井
	泵站装机容量	管径
	主管位置	管道长度
	管径	管道流向
	管道流向	管底及地面高程
	道路、河流等	道路边线、沿街参照物

（二）信息管理

排水设施维护管理部门应建立排水管网地理信息系统,采用计算机技术对管网图等空间信息实施智能化管理。排水管网地理信息系统建成后,应建立相应的数据维护制度,及时对变更的管道进行实地修测,及时更新数据。采用计算机管理的技术资料应有备份。

在管网地理信息系统中,排水管道中的许多属性需要按标准进行分类,例如:

(1)按管道材料可分为砖管、陶瓷管、混凝土管、钢筋混凝土管和塑料管等。

(2)按接口形式可分为刚性接口和柔性接口。

(3)按管道施工方法可分为现场砌筑、开槽埋管、顶管、盾构施工等。

(4)检查井材料可分为砖石砌筑、混凝土现场浇制、混凝土预制井、塑料预制井等。

排水管网地理信息系统应具备的功能包括:管道数据输入、编辑功能;管道信息查询、统计、分析功能;完善的信息维护和更新功能;图形及报表的输出、打印功能。

排水管网数据库中应包括表 3-9 所列举的内容。

表 3-9　排水管网数据库的主要内容

图名	内容							
雨水系统图	服务面积	设计雨水量	设计暴雨重现期	平均径流系数	主管长度	设计单位	施工单位	竣工年代
污水系统图	服务面积	设计污水量	人均日排水量	服务人口	主管长度	设计单位	施工单位	竣工年代
排水管详图	管径	管道长度	管材	管道断面形状	施工方法	检查井材料	地面和管底高程	竣工年代

第三节　泵站的维修与养护

一、一般规定

泵站的运行、维护应符合《恶臭污染物排放标准》(GB 14554—93)和《城市区域噪声标准》(GB 3096—93)的规定,排水泵站应采取绿化、防噪、除臭措施,减少对居住、公共设施建筑的影响。

检查维护水泵、闸阀门、管道、集水池、压力井等泵站设备设施时,必须采取防硫化氢等有毒有害气体的安全措施。主要采取的安全措施有隔绝断流、封堵管道、关闭闸门、水冲洗、排净设备设施内剩余污水、通风等。不能隔绝断流时,应根据实际情况,穿戴安全防护服和系安全带操作,并加强监测,必要时采用专业潜水员作业。

水泵维修后,其流量不应低于原设计流量的 90%;机组效率不应低于原机组效率的90%;汛期雨水泵站的机组可运行率不应低于 98%。

泵站机电、仪表和监控设备应备有易损零配件。

泵站设施、机电设备和管配件外表除锈、防腐蚀处理宜 2 年一次;泵站内设置的起重设备、压力容器、安全阀及易燃、易爆、有毒气体监测装置必须每年检验一次,合格后方可使用,定期检定应由国家认可有资质的鉴定单位进行;围墙、道路、泵房等泵站附属设施应保持完好,宜 3 年整修一次,每年汛期前应检查与维护泵站的自身防汛设施。

泵站应做好环境卫生和绿化养护工作;泵站运行宜采用计算机监控管理;泵站应做好运行与维护记录,记录内容包括值班记录、交接班记录、运行记录、维修记录和事故处理记录等文字记录或计算机文档记录。

二、水泵

(一)水泵检查

1. 水泵运行前的检查

水泵运行前应进行例行检查,主要包括:

(1)运行前宜盘车,盘车时水泵叶轮、电机转子不得有碰擦和轻重不匀。

(2)弹性圆柱销联轴器的轴向间隙应符合表 3-10 的规定。

(3)机组的轴承润滑应良好;泵体轴封机构的密封应良好;涡壳式水泵泵壳内的空气应排尽;水润滑冷却机械密封的供水压力宜为 0.1 ~ 0.3 MPa。

(4)电动机绕组的绝缘电阻值应符合表 3-11 的规定。

(5)集水池水位应符合水泵启动技术水位的要求;进出水管路应畅通,阀门启闭应灵活;仪器、仪表显示应正常;电气连接必须可靠,电气桩头接触面不得烧伤,接地装置应有效。

2. 水泵运行中的检查

水泵在运行中应进行巡视检查,主要包括:

表 3-10　弹性圆柱销联轴器的轴向间隙　　　　　　　　（单位：mm）

轴孔直径	标准型			轻型		
	型号	外径	间隙	型号	外径	间隙
25～28	B1	120	1～5	Q1	105	1～4
30～38	B2	140	1～5	Q2	120	1～4
35～45	B3	170	2～6	Q3	145	1～4
40～45	B4	190	2～6	Q4	170	1～5
45～65	B5	220	2～6	Q5	200	1～5
50～75	B6	260	2～8	Q6	240	2～6
70～95	B7	330	2～10	Q7	290	2～6
80～120	B8	410	2～12	Q8	350	2～8
100～150	B9	500	2～15	Q9	440	2～10

表 3-11　电动机绕组的绝缘电阻值

电压（V）	电动机绕组的绝缘电阻值（MΩ）
380	≥0.5
6 000	≥7
10 000	≥11

（1）水泵机组应转向正确、运转平稳、无异常振动和噪声；水泵机组应在规定的电压、电流范围内运行。

（2）水泵机组轴承润滑应良好；滚动轴承温度不应超过 80 ℃，滑动轴承温度不应超过 60 ℃，温升不应大于 35 ℃。

（3）轴封机构不应过热，渗漏不得滴水成线；水泵机座螺栓应紧固，泵体连接管道不得发生渗漏；水泵轴封机构、联轴器、电机、电气器件等运行时，应无异常的焦味。

（4）集水池水位应符合水泵运行的要求；格栅前后水位差应小于 200 mm。

3. 水泵停止运行时的检查

水泵停止运行时，轴封机构不得漏水，止回阀或出水拍门关闭时的响声应正常，柔性止回阀闭合应有效；泵轴惰走时间不应太短。停泵时应按以下操作程序进行：

（1）及时检查轴封机构渗漏水情况，必要时更换填料，并做好填料函内的除污清洁工作。

（2）当泵轴发生倒转时，应检查止回阀、拍门关闭状况或有无杂异物卡阻。

（3）当惰走时间过短时，应检查泵体内有无杂物卡阻或其他原因。

长期不运行的水泵，每 15 d 应进行试泵，试运行时间不应少于 5 min。卧式泵每周用工具盘动泵轴，改变相对搁置位置；蜗壳泵不运行期间应放空泵内剩水；潜水泵宜吊出集水池存放。

（二）水泵日常养护

轴承润滑应良好，润滑油脂的型号、勃度应符合轴承润滑要求，轴承内注入的润滑脂不得超过轴承内腔容量的 2/3；轴封处无积水和污垢，填料应完好有效；机、泵及管道连接螺栓应紧固；水泵机组外表不得有灰尘、油垢和锈迹，铭牌应完整、清晰；冰冻期间水泵停止使用时，应放尽泵体、管道和阀门内的积水；涡壳泵内应无沉积物，叶轮与密封环的径向间隙应符合表 3-12 的规定；水泵冷却水、润滑水系统的供水压力和流量应保持在规定范围内；抽真空系统不得发生泄漏；潜水泵温度、泄漏及湿度传感器应完好，显示值准确。

表 3-12　叶轮与密封环的径向间隙　　　　　　　　（单位：mm）

密封环内径	半径间隙	最大磨损半径极值
80 ~ 120	0.15 ~ 0.22	0.44
120 ~ 150	0.18 ~ 0.26	0.51
150 ~ 180	0.20 ~ 0.28	0.56
180 ~ 220	0.23 ~ 0.32	0.63
220 ~ 260	0.25 ~ 0.34	0.68
260 ~ 290	0.25 ~ 0.35	0.70
290 ~ 320	0.28 ~ 0.38	0.75
320 ~ 350	0.30 ~ 0.40	0.80

（三）水泵定期维护

水泵的定期维护是指按有关技术要求进行解体检查，修理或更换不合格的零配件，使水泵的技术性能满足正常运行要求。各类水泵，特别是大中型水泵，定期维护前均应制订维护计划、修理方案和安全技术措施，维护结束应进行试车、验收，维护记录归档保存。

弹性圆柱销联轴器同轴度允许偏差应符合表 3-13 的规定；维修后的技术性能应符合相关规定，定期维护后应有完整的维修记录及验收资料；水泵及传动机构的解体维护周期应符合表 3-14 的规定。

表 3-13　弹性圆柱销联轴器同轴度允许偏差

联轴器外径(mm)	径向位移(mm)	轴向倾斜率(%)
105 ~ 260	0.05	0.02
290 ~ 500	0.1	0.02

表 3-14　水泵及传动机构解体维护周期

水泵类型	轴流泵	离心泵及混流泵	潜水泵	螺旋泵	不经常运行的水泵
周期	3 000 h	5 000 h	3 000 ~ 15 000 h	8 000 h	3 ~ 5 年

1. 离心式、混流式涡壳泵的定期维护

轴封机构维护内容应符合表 3-15 的要求;叶轮与密封环的径向间隙均匀,最大间隙不应大于最小间隙的 1.5 倍,径向间隙应符合表 3-16 的规定值;叶轮轮壳和盖板应无破裂、残缺和穿孔;叶片和流道被汽蚀的麻窝深度大于 2 mm 的应修补;叶轮壁厚小于原厚度 2/3 的应更换;滚动轴承游隙应符合表 3-16 的规定。

表 3-15　轴封机构维护内容

轴封形式	维修内容
填料密封	更换或整修填料密封轴套、轴衬、填料压盖及螺栓
机械密封	更换动、静密封圈、弹簧圈及轴套
橡胶骨架密封	更换磨损的橡胶骨架密封圈、轴套、轴衬、填料压盖

表 3-16　滚动轴承游隙　　　　　　　　　　　　（单位:mm）

轴承内径	径向极限值	轴承内径	径向极限值
20 ~ 30	0.1	55 ~ 80	0.2
35 ~ 50	0.2	85 ~ 150	0.3

2. 轴流泵、导叶式混流泵的定期维护

轴封机构和轴套磨损的应修理或更换;橡胶轴承及泵轴轴套磨损超过规定值的应更换;叶片的汽蚀麻窝深度大于 2 mm 的应修理或更换;导叶体和喇叭管汽蚀麻窝深度大于 5 mm 的应修理或更换;电机轴、传动轴、泵轴的同轴度允许偏差应符合表 3-13 的规定。

3. 开式螺旋泵的定期维护

滚动轴承游隙应符合表 3-16 的规定;联轴器轴向间隙和同轴度应符合表 3-10 和表 3-13 的规定;泵轴挠度大于 2/1 000 和叶片磨损超过规定值的应整修;齿轮箱应解体检修。

4. 潜水泵的定期维护

每年或累计运行 4 000 h 后,应检测电机线圈的绝缘电阻;每年至少吊起潜水泵一次,检查潜水电机引入电缆和密封圈;每年或累计运行 4 000 h 后,应检查温度传感器、湿度传感器和泄漏传感器;机械密封和油腔内的油质检查每 3 年一次;电机轴承润滑脂更换每 3 年一次;间隙过大或损坏的叶轮、耐磨环应及时修理或更换;轴承或电机绕组温度超过规定值时,应解体维修。

三、电气设备

(一)基本规定

运行中的电气设备应每班巡视,并填写巡视记录,特殊情况应增加巡视次数;电气设备每半年应检查、清扫一次,环境恶劣时应增加清扫次数。在运行中加强巡视是发现电气设备缺陷的有效方法;夜间关灯巡视,尤其要注意电气设备有否漏电闪烁现象;分析由粉尘、潮湿、腐蚀性气体、高温等引起的短路或跳闸,引起跳闸的主要原因有绝缘老化、短路、过载等,在未查明原因前盲目合闸会引起事故。

高、低压电气设备的维修和定期预防性试验应符合《电气设备预防性试验规程》(DL/T 596—2015)的规定;电气设备更新改造后、投入运行前应做交接试验,交接试验应符合《电气装置安装工程电气设备交接试验标准》(GB 50150—2016)的规定。

(二)电力电缆定期检查与维护

电缆绝缘必须满足运行要求,电力电缆直流耐压试验至少 5 年一次,若发现电缆头大量漏油,需重做电缆头并进行耐压试验。电缆终端连接点应保持清洁,相色清晰,无渗漏油,无发热,接地完好;室内电缆沟内无渗水、积水;在埋地电缆保护范围内,不得有打桩、挖掘、植树及其他可能伤及电缆的行为。

(三)防雷和接地装置的检查与维护

在每年雷雨季前,变(配)电房的防雷和接地装置必须做预防性试验。接地装置连接点不得有损伤、折断和腐蚀状况;大接地系统的电阻值不应超过 0.5 Ω,小接地系统的电阻值不应超过 10 Ω;埋设在酸、碱、盐腐蚀性土壤中的接地体,每 5 年应检查地面以下 500 mm 深度内的腐蚀程度;电气设备与接地线连接、接地线与接地干线或接地网连接应完好;避雷器瓷件表面应无破损与裂纹,引线桩头应无松动,安装牢固;避雷器应与配电装置同时巡视检查,雷电后应增加巡视检查。

(四)电力变压器的检查与维护

1. 日常巡视检查

日常巡视每天不得少于一次,夜间巡视每周不得少于一次。有下列情况之一时,应增加巡视检查次数:①首次投运或检修、改造后运行 72 h 内;②遇雷雨、大风、大雾、大雪、冰雹或寒潮等气象突变时;③高温季节及用电高峰期间;④变压器过载运行时。

变压器日常巡视检查应符合下列要求:①油温正常,无渗油、漏油,油位应保持在上下限范围内;②套管油位正常,套管外部无破损裂纹、无严重油污、无放电痕迹及其他异常现象;③变压器声响正常;④散热器各部位手感温度相近,散热附件工作正常;⑤吸湿器完好,吸附剂干燥;⑥引线接头、电缆、母线无发热迹象;⑦压力释放器、安全气道及防爆膜完好无损;⑧分接开关的分接位置及电源指示正常;⑨气体继电器内无气体;⑩控制箱和二次端子箱密闭,防潮有效;⑪变压器室不漏水,门窗及照明完好,通风良好,温度正常;⑫变压器外壳及各部件保持清洁。

2. 定期检查与维护

定期检查应每年一次,除日常检查的内容外还应增加下列内容:①标志齐全明显;②保护装置齐全、良好;③温度计在检定周期内,温度信号正确可靠;④消防设施齐全完好;⑤室内变压器通风设备完好;⑥储油池和排油设施保持良好状态。

正式投入运行后 5 年应大修一次,以后每 10 年应大修一次。

3. 干式电力变压器的检查与维护

声响、湿度正常,温控及风冷装置完好,绕组表面无凝露、水滴;定期清扫,保持变压器清洁;环氧浇注式变压器表面无裂痕及爬弧放电现象。运行温度超过表 3-17 所示的允许温升值时,应停电检查。

表 3-17　干式变压器各部位的允许温升值

变压器部位	绝缘等级	允许温升值(℃)	测量方法
绕组	E	75	电阻法
	B	80	
	F	100	
	H	125	
	C	150	
铁芯和结构零件表面	最大不得超过接触绝缘材料的允许温升		温度计法

电力变压器出现下列情况之一时必须退出运行,立即检修:安全气道防爆膜破坏或储油柜冒油;重瓦斯继电器动作;瓷套管有严重放电和损伤;变压器内噪声增高且不匀,有爆裂声;在正常冷却条件下,变压器温升不正常;严重漏油,储油柜无油;变压器油严重变色;出现由绕组和铁芯引起的故障;预防性试验不合格。

(五)高压电器设备的检查与维护

1.高压隔离开关

高压隔离开关每年至少检查一次;瓷件表面无积灰、掉釉、破损、裂纹和闪络痕迹,绝缘子的铁、瓷结合部位牢固;刀片、触头、触指表面清洁,无机械损伤、扭曲、变形,无氧化膜及过热痕迹;触头或刀片上的附件齐全,无损坏;连接隔离开关的母线、断路器的引线牢固,无过热现象;软连接无折损、断股现象;清扫操作机构和传动部件,并注入适量润滑油;传动部分与带电部分的距离应符合相关规定,定位器和自动装置牢固、动作正确;隔离开关的底座良好,接地可靠;有机材料支持绝缘子的绝缘电阻应符合相关要求;操作机构动作灵活,三相同期接触良好。

2.高压负荷开关

定期维护每年不得少于一次;绝缘子无裂纹和损坏,绝缘良好;各传动部分润滑良好,连接螺栓无松动;操作机构无卡阻、呆滞现象;合闸时三相触点同期接触,其中心应无偏心;分闸时,隔离开关张开角度不应小于 58°,断开时应有明显断开点;各部分无过热及放电痕迹;灭弧装置无烧伤及异常现象。

3.高压油断路器

定期维护每年不得少于一次;应对高压油断路器油样进行检测;机械传动机构应保持润滑,操作机构无卡阻、呆滞现象;若发现渗油或漏油应及时检修;切断过两次短路电流后应解体大修。

4.高压真空断路器与接触器

绝缘部件无积灰、无损裂;机械传动机构部分保持润滑;结构连接件紧固;定期检查超行程;手动分闸铁芯分闸可靠,操作机构自由脱扣装置动作可靠;工频耐压试验每年一次;更换灭弧室时应按规定尺寸调整触头行程;应测定三相触头直流接触电阻。

5.高压六氟化硫断路器与接触器

绝缘部件无尘垢;机械传动机构部分保持润滑;结构连接件紧固;定期检查超行程;六

氟化硫(SF_6)气体的压力表或气体继电器运行正常;现场通风良好,通风装置运行可靠;六氟化硫断路器机械机构检修应结合预防性试验进行,操作机构小修宜1~2年一次,操作机构大修宜5年一次,解体大修应10年一次。

6.高压变频装置

定期维护检查应每半年一次,空气过滤网清洁每两个月不得少于一次;保持设备无尘,散热良好;冷却风机的电机、皮带和风叶完好;功率单元柜的空气过滤网应取下后进行清洁,如有破损必须更换;外露和生锈的部位应及时用修整漆修补;冷却系统运行可靠;功率单元柜和隔离变压器柜的电气连接件紧固。

(六)低压电器设备的检查与维护

1.低压变频装置

温度、振动和声响正常;保持设备无尘,散热良好;冷却风扇完好,散热良好;接线端子接触良好,无过热现象;变频器保护功能有效。

2.低压开关

定期维护每年不得少于一次;电动机开关柜每月检查和清扫一次;开关的绝缘电阻和接触电阻每年检测一次。

3.低压隔离开关

操作机构动作灵活无卡阻,刀闸的各相刀夹和刀片的传动机构在分合闸时应动作一致;接线螺栓紧固,动静触头接触良好,无过热变色现象。

4.低压空气断路器

低压空气断路器检查要求见表3-18。

表3-18　低压空气断路器检查要求

检查项目	要求
主副触头接触点紧密程度	修整烧毛接触头,严重的应更换,表面应光滑,接触紧密,0.05 mm塞尺不能通过
灭弧室	瓷制灭弧室应无裂纹,去除栅片上电弧飞溅的铜屑,更换严重熔烧的栅片
进出线端子螺丝	旋紧螺丝发现接头处有过热现象,应加以修整
机械传动部分	清除油垢,加润滑油
三相合闸同时性	若不同时,应加以调整
电磁线圈和伺服电机	分合正常
接地装置	接地良好
线路系统保护装置	动作可靠

5.低压交流接触器

灭弧罩、铁芯、短路环及线圈完好无损,及时清除电弧飞溅所形成的金属微粒;接触器无异常声音,分合时无机械卡阻;调整触头开距、超程、触头压力和三相同期性;辅助触头接触良好;铁芯接触面平整、无锈蚀。

（七）电流、电压互感器的检查和维护

1. 电流互感器

电流互感器保持清洁；接地牢固可靠；油浸式电流互感器无渗油；无放电现象，无异味异声；预防性试验每年一次；电流互感器二次侧严禁开路；呼吸器内部的吸潮剂不应潮解。

2. 电压互感器

瓷套管清洁、完整，无损坏、裂纹和放电痕迹；油浸式电压互感器的油位正常，油色透明，无渗油；各连接件无松动，接触可靠；电压互感器无放电声和剧烈振动；电压互感器的开口三角绕组上安装的消谐器无损坏；电压互感器的保护接地良好；高压侧导线接头无过热，低压回路的电缆和导线无损伤，低压侧熔断器及限流电阻应完好；高压中性点的串联电阻良好，当无备品时应将中性点接地；电压互感器一、二次侧熔断器完好；呼吸器内部的吸潮剂不应潮解。

（八）启动装置的检查与维护

1. 自耦减压启动装置

自耦变压器的响声正常，绝缘良好；交流接触器的机构动作灵活，触头良好，电磁铁接触面清洁平整，短路环完好；机械连锁机构灵活、正常，连锁可靠；接线紧固牢靠；继电器工作可靠，整定值正确；连锁触点、主触点无氧化膜、烧毛、过热和损坏。

2. 软启动装置

接线紧固牢靠；工作温度正常，散热风扇良好；旁路交流接触器工作可靠；启动电流正常；保持清洁无尘垢。

（九）补偿装置的检查与维护

1. 电力电容器补偿装置

外壳、瓷套管保持清洁无尘垢；连接件紧固牢靠；外壳无锈蚀、渗漏，无变形、胀肚与漏液现象；瓷套管无裂纹和闪络痕迹；环境通风良好，温升正常；电容器组三相间容量应保持平衡，误差不应超过一相总容量的 5%。

2. 无功功率就地补偿装置

熔断器接触良好；保护装置动作可靠；电力电容器的放电装置正常、可靠；电抗器完好，工作可靠；电流表、功率因数表工作正常。

3. 无功功率自动补偿装置

装置的接线紧固可靠；保持清洁无尘垢，通风散热良好；自动补偿控制仪、交流接触器、电流表、功率因数表、电容器放电装置完好、工作可靠。

（十）电源装置的检查与维护

1. 整流电源装置

工作电源和备用电源的自动切换装置完好；仪表指示及继电器动作正常；交直流回路的绝缘电阻不低于 1 MΩ/kV，在较潮湿的地方不低于 0.5 MΩ/kV；元器件接触良好，无放电和过热等现象；整流装置清洁无尘垢。

2. 蓄电池电源装置

运行中的蓄电池应处于浮充电状态；直流绝缘监视装置正负两极的对地电压保持为零；蓄电池室清洁无尘垢，通风良好；蓄电池应按实际负荷每年放电一次，放电时保持电流

稳定;电池单体外观无变形和发热,电压及终端电压检测每月一次;连接导线连接牢固,无腐蚀,导线检查每半年一次。

3. 免维护蓄电池

蓄电池应按实际负荷每年放电一次,放电时保持电流稳定,放出额定容量约 30%(以 0.1 A/h 放电 3 h),放电时每小时检测一次电压、电流、温度,放电后应均衡充电,然后转浮充;电池外观无异常变形和发热,单体电压及终端电压检测每月一次;连接导线连接牢固,无腐蚀,导线检查每半年一次;不得单独增加或减少电池组中几个单体电池的负荷。

(十一)同步电动机励磁装置的检查与维护

运行前仪表显示正常,快速熔断器完好;调试位"自检"、投励和灭磁操作正常;冷却风机、调试位灭磁电阻、励磁电压、电流值正常;保持清洁无尘垢;外部动力线、调试位灭磁电阻、空气开关、快速熔断器、整流变压器、主桥输入和输出检查每年一次;电缆接头紧固可靠;转换开关、指示灯、仪表等外观无损坏,接线无松动;控制单元和接插件板检查每年一次。

(十二)继电保护装置的检查和维护

日常巡视每天一次;盘柜上各元件标志、名称齐全,表计、继电器及接线端子螺钉无松动;继电器外壳完整无损,整定值指示位置正确。继电保护装置整定每年一次;继电保护回路压板、转换开关运行位置与运行要求相符;信号指示、光字牌、灯光音响信号正常;金属部件和弹簧无缺损变形;继电器触点、端子排、表计、标志清洁无尘垢;转换开关、各种按钮动作灵活,触点接触无压力和烧伤;电压互感器、电流互感器二次引线端子完好;继电保护整组跳闸良好;微机综合继电保护装置显示正常,接插口良好;盘柜上继电器、仪表校对合格后,应对各种继电保护装置回路进行绝缘电阻测量。测量绝缘电阻时,应使用 500 V 或 1 000 V 兆欧表;当使用微机综合继电保护装置时,应使用 500 V 以下兆欧表,所测量各回路绝缘电阻应符合相关规定。

(十三)电动机的检查和维护

1. 水泵电动机启动前的检查

绕组的绝缘电阻符合安全运行要求;开启式电动机内部无杂物;绕线式电动机滑环与电刷接触良好,电刷的压力正常;电动机引出线接头紧固;轴承润滑油(脂)满足润滑要求;接地装置必须可靠;电动机除湿装置电源应断开;润滑与冷却水系统应完好有效。

2. 电动机运行中的检查

保持清洁,不得有水滴、油污进入;电流和电压不超过额定值;轴承温度正常,无漏油、无异声;温升不超过允许值;运行中不应有碰擦等杂声;绕线式电动机的电刷与滑环的接触良好;冷却系统正常,散热良好。

3. 电动机的维护

累计运行 6 000~8 000 h 后应维护一次;长期不运行的电动机每 3~5 年维护一次;清除电动机内部灰尘,绕组绝缘良好;铁芯硅钢片整齐无松动;定子、转子绕组槽楔无松动,绕组引出线端焊接良好,相位正确、标号清晰;鼠笼式电动机转子端接环无松动;绕线式电动机转子线端的绑线牢固完整,散热风扇紧固良好;轴承游隙应符合规定;外壳完好,铭牌清晰,接地良好;电动机维护后应做转子静平衡、绝缘和耐压试验;特殊电动机启动前和运行中的检查应根据产品制造厂的使用要求进行;恶劣环境下使用的电动机,维护周期可适当缩短。

四、进水与出水设施

(一)闸(阀)门

1.闸(阀)门的日常养护

(1)应做好对启闭机座、电动执行机构(电动头)外壳的清洁工作。

(2)巡视重点是电动机与传动机构的结合部、润滑油箱底部的密封、齿轮箱与油箱的结合部。

(3)启闭时注意齿轮箱的振动和噪声。

(4)每周做启闭试验,避免长时间不动作而造成闸板与门框的密封面咬合、丝杆与传动螺母咬合、齿轮传动卡阻、行程限位机构故障等,引起启闭机过载跳闸、启闭失灵。

(5)启闭频率一般情况下不高,当电控箱发生故障,总线控制或行程限位失灵,过力矩保护跳闸时,必须切换到手动启闭。因而,日常养护要经常检查手电动切换装置的可靠性。

(6)"全开""全闭"和"转向"可用油漆标注在阀体上,阀门的转向通常顺时针为闭,逆时针为开,启闭转数可通过试验确定。

(7)闸阀电动装置一般由专用电动机、减速器、转矩限制机构、行程控制机构、手电动切换装置、开度指示器和控制箱等组成。具体产品的养护还应按生产厂家规定进行。

(8)较频繁使用的闸阀电动装置手电动切换装置离合器通常应处于脱开状态。

2.闸(阀)门的定期维护

(1)齿轮箱润滑油脂加注或更换每年一次,必要时清洗油箱积垢。

(2)行程开关、过扭矩开关及连锁装置完好有效,检查和调整每半年一次,确保启闭的可靠。

(3)由于闸门连接杆、轴导架和门与框的铜密封长期浸没在水中,并有腐蚀液体和气体存在,必须定期进行检查、调整和修理。闭合位移余量适当,检查每3年一次。

(4)重载和启闭频繁的电动装置,应每年检查、清洗传动轴承,发现磨损及时更换。

(5)检查更换阀门杆的填料密封,以确保阀门杆的轴封不发生泄漏。

(6)定期检查修换阀板上的密封环,调整阀板闭合时的位移余量,以确保阀门启闭的严密性,不发生泄漏。

(7)检查油质、油量,及时更换、补充,以确保电动装置的齿轮传动系统减少啮合磨损,延长使用寿命。

(8)及时更换损坏的输出轴、主从动轴端密封件,以防止油缸渗漏油。

(二)液压阀门

1.液压阀门的日常养护

液压闸阀的特点是在无级变速前提下,通过液压传动机构实现对闸阀的快速启闭,弥补电动闸阀启闭缓慢、驱动力不足的缺陷。主要部件为工作部件(闸阀)、传动部件(液压油缸)和驱动部件(液压油站)。

巡视重点是液压控制系统、液压阀件、阀杆轴封、密封件和油缸油封,阀杆、阀体清洁;液压控制回路、锁定油缸、工作缸体无渗漏。

检查重点是液压油缸缸体紧固螺栓受液压力冲击后的紧固状态。定期打开大型阀门的冲洗装置,清除闸板槽内的污物,油箱油位应在规定的 1/2 ~ 2/3 油标范围内;液压储能器压力应保持在额定值内,泵及电磁阀的运行工况正常。

2. 液压阀门的定期维护

阀体内的污物清除每半年不应少于一次;主油泵过滤器滤油芯、控制油路和锁定油缸的油封每半年更换一次;油缸内活塞行程调整每年一次;压力继电器、时间继电器和储能器校验每年一次;电气控制柜元器件整修每年一次;液压站整修每年一次;液压系统整修每三年一次。

(三)真空破坏阀

1. 真空破坏阀的日常养护

真空破坏阀通过电磁力或同时利用增力机构来快速启闭气体阀门,它的驱动力和行程较小,一般多用于液压、气压控制系统。真空破坏阀属于气压控制系统。《城镇排水管渠与泵站维护技术规程》(CJJ 68—2007)规定了此类阀门的日常养护基本要求,具体到某一产品牌号和其他养护维修要求时,应参照产品说明书。

阀体、电磁吸铁装置清洁;空气过滤器清洗每月一次,保持进、排气通道畅通;阀杆每月检查一次,保持密封良好。

2. 真空破坏阀的定期维护

电磁铁每年应清扫一次,更换密封;阀体、阀杆每 3 年调整和修换一次;阀体渗漏校验每 3 年一次。

(四)拍门

拍门有旋启式、浮箱式,用于防止管道或设备中介质倒流,靠介质压力自动开启或关闭。浮箱式拍门属于旋启式拍门的一种改进,它具有缓闭、微阻作用。具体维护要求应以生产厂家产品说明书为准。旋启式密封条固定在拍门座与阀板接触的平面凹槽内,密封橡胶条脱落会造成拍门渗漏,或在受到冲压时发生振动;浮箱式拍门密封止水橡皮固定在浮箱拍门上,密封面应无渗漏。

1. 拍门的日常养护

转动销应无严重磨损;密封完好,无泄漏;门框、门座螺栓连接牢固。

2. 拍门的定期维护

转动销每年检查或更换一次;阀板密封圈每 3 年调换一次;钢制拍门每 3 年做一次防腐蚀处理;浮箱拍门箱体无泄漏。

(五)止回阀

止回阀主要有升降式、旋启式、缓闭式和柔性止回阀。

1. 止回阀的日常养护

阀板运动无卡阻;密封、阀体完好无渗漏;连接螺栓与垫片完好紧固。阀腔连接螺栓与垫片完好紧固;阀体应无渗漏,活塞式油缸不得渗油;柔性止回阀透气管畅通;缓闭式阀杆平衡锤位置合理;阀体清洁。

2. 止回阀的定期维护

止回阀定期维护的项目和周期应符合表 3-19 的规定。

表 3-19　止回阀的定期维护周期

维护项目	维护周期(年)
1. 阀腔连接螺栓检查或更换	1
2. 旋启式止回阀旋转臂杆及接头整修	1
3. 升降式止回阀轴套垫片和密封圈检查或更换	1
4. 缓闭式止回阀油缸内机油检查更换	1
5. 柔性止回阀支持吊索检查、调整	1

(六)格栅、格栅除污机

格栅除污机,按照安装使用形式,有固定式和移动式之分。按驱动方式分有钢丝绳牵引、链条回转、旋转臂杆、高链牵引、阶梯形输送、液压驱动等多种。按齿耙结构分类有插齿式、刮板式、鼓形格栅、犁形齿耙、弧形格栅、回转滤网式等。但其基本组成部件均为驱动装置、传动机构和工作机械。上述三大部件中的基本组成单元为机架、控制箱、行程限位开关、减速器、传动支承轴承、牵引链、传动链钢丝绳、导轨、齿耙、齿轮、油缸、油箱、密封件等。

1. 格栅的日常养护

格栅上的污物应及时清除,操作平台保持清洁;格栅片无松动、变形、脱落;钢制格栅防腐处理每年一次。

2. 格栅除污机的日常养护

格栅除污机和电控箱保持清洁;轴承、齿轮、液压箱、钢丝绳、传动机构润滑良好;齿耙、刮板运行正常;机座、传动机构紧固件无松动;驱动链轮、链条、移动式机组行走运行正常,定位机构可靠;长期停用的除污机每周不应少于一次运转,运转时间不少于 5 min。

3. 格栅除污机的定期维护

驱动链轮、链条、齿耙、钢丝绳、刮板等完好,整修每年不少于一次;轴承、油缸、油箱和密封件完好,整修每年一次;控制箱、各元器件完好,维护每年一次;齿轮箱每 3 年解体维护一次。

(七)栅渣皮带输送机、螺旋输送机、螺旋压榨机

(1)栅渣皮带输送机的日常养护。主动、从动转鼓轴承润滑良好;输送带无跑偏、打滑;停运后,及时清洁输送带及挡板。

(2)栅渣皮带输送机定期维护的项目和周期应符合表 3-20 的规定。

表 3-20　栅渣皮带输送机定期维护的项目和周期

维护项目	维护周期(年)
1. 输送带接口修整	0.5
2. 输送带滚轮和轴承整修	3
3. 皮带输送机的钢支架防腐蚀处理	3
4. 驱动电机、齿轮箱解体维护	3

(3)螺旋输送机的日常养护。驱动电机、齿轮箱、输送机构运转平稳、温度正常,无异声和缺油;螺旋槽内无卡阻;齿轮箱、螺旋叶片支承轴承润滑良好。

(4)螺旋输送机定期维护的项目和周期应符合表 3-21 的规定。

表 3-21　螺旋输送机定期维护的项目和周期

维护项目	维护周期(年)
1.螺旋叶片和摩擦圈整修	1
2.钢制螺旋槽防腐蚀处理	1
3.螺旋叶片工作间隙和转轴挠度调整	1

(5)螺旋压榨机的日常养护。驱动电机、齿轮箱、螺旋输送机构运转平稳、温度正常、润滑良好,无异声;螺旋槽内无卡阻异物;间断出渣时,渣筒无干摩擦和卡阻。

(6)螺旋压榨机定期维护的项目和周期应符合表 3-22 的规定。

表 3-22　螺旋压榨机定期维护的项目和周期

维护项目	维护周期(年)
1.螺旋叶片整修	1
2.钢制螺旋槽防腐蚀处理	1
3.螺旋叶片工作间隙和转轴挠度调整	1
4.压榨筒内的摩擦导向条整修	1

(八)沉砂池、集水池、出水井的维护

1.沉砂池

沉砂池积砂高度不应高于进水管管底;沉砂池池壁的混凝土保护层无剥落、裂缝、腐蚀。当积砂高度达到进水管底时,需要清砂。检查和清砂工作,应在做好 H_2S 的防毒监测及安全防护工作后进行。

2.集水池

定期抽低水位,冲洗池壁,池面无大块浮渣;定期校验水位标尺和液位计,保持标尺和液位计整洁;池底沉积物不应影响流槽的进水;池壁混凝土无严重剥落、裂缝、腐蚀;钢制扶梯、栏杆防腐处理每 2 年不应少于一次。

集水池水面的漂浮物会造成可燃性气体、H_2S 等有毒有害气体附着,可能成为安全隐患,应定时清捞。清捞漂浮物应在做好对 H_2S 等有毒有害气体的监测及安全防护后才能进行。

3.出水井

池壁混凝土无剥落、裂缝、腐蚀,高位出水井不得渗漏;密封橡胶衬垫、钢板、螺栓无严重老化和腐蚀,压力井不得渗漏;压力透气孔不得堵塞。

五、仪表与自控

本节仪表是泵站自动化仪表的简称,包括各种用于检测和控制的仪表设备和装置。泵站仪表常规检测项目有雨量、液位、温度、压力、流量、水质成分量(pH、NH_3-N、COD 等)、有毒有害气体(H_2S)等。

水泵机组检测项目主要有电压、电流、转速、振动、绝缘、泄漏、噪声等。潜水泵增加的检测内容主要有湿度、温度等。

泵站自控是指由计算机、触摸屏等组成的处理来自泵站环境中各种变送器的输入并将处理结果输出至执行机构和有关外围设备，以实现过程监测、监控和控制的计算机系统或网络。泵站自动控制及监视系统可由小型计算机、触摸屏、摄像、可编程序控制（PLC）、远程终端（RTU）、通信设施及通信接口等组成。自动控制及监视系统由监视、控制、报警、通信及通信接口等设备构成。

（一）仪表

仪表安装牢固，接线可靠，现场保护箱完好；检测仪表的传感器表面清洁；仪表显示正常，显示值异常时应及时分析原因并做好记录；供电和过电压保护设备良好；密封件防护等级应符合环境要求。

执行机构和控制机构的电动、液动、气动装置保持工况正常；其定期维护的周期应符合表 3-23 的规定。

表 3-23　执行机构和控制机构定期维护的周期

维护项目	维护周期（年）
1.电动、液动、气动等执行机构的性能检查	1
2.控制机构的性能检查	1
3.执行、控制机构信号、连锁、保护及报警装置的可靠性检查	1

自动控制及监视系统，应按用户手册的要求进行巡视检查及日常维护。检测仪表的传感器清洗每月不少于一次，零点和量程应在仪表规定的范围内；传感器的自动清洗装置检查每月不少于一次。

检测仪表需定期校验，在线热工类检测仪表每半年应进行一次零点和量程调整；流量计的标定应由有资质的计量机构进行，每 1～3 年标定一次；在线水质分析仪表零点和量程调整每年一次；H_2S 等有毒、有害气体报警装置应保持有效，定期委托有资质的计量机构进行检定；雨量仪维护和校验每年一次；水泵机组检测仪表应按使用维护说明定期校验。

（二）自动控制及监视系统

自动控制及监视系统（计算机、模拟盘、触摸屏、显示屏、打印机、操作台等）的维护应按用户手册的要求进行；自动控制系统的定期维护项目和周期应符合表 3-24 的规定；监控（控制）室定期维护项目和周期应符合表 3-25 的规定。

表 3-24　自动控制系统的定期维护项目和周期

维护项目	维护周期（年）
1.可编程序控制（PLC）、远程终端（RTU）、通信设施及通信接口检查	1
2.就地（现场）控制系统各检测点的模拟量或数字量校验	1
3.自动控制系统的供电系统检查、维护	1
4.手动和自动（遥控）控制功能及控制级的优先权等检查	1
5.自动控制系统接地（接零）和防雷设施检查和维护	1
6.自动控制系统自诊断、声光报警、保护及自启动、通信等功能测试	1

表 3-25　监控(控制)室定期维护项目和周期

维护项目	维护周期(年)
1. 主机房内防静电设施检查	1
2. 控制系统接插件及设备连接可靠性检查	1
3. 故障声光报警设定值校验,电力监控及报警处置值校验	1
4. 控制室监控、PLC/RTU、监视(摄像)、通信系统的工况和性能校验	1

六、泵站辅助设施

(一)电动葫芦

日常养护:使用电动葫芦起吊重物前,应检查使用安全电压的手操作控制器和电气控制箱,确认通电后设备处于可操作状态;起吊索具应安全可靠,符合起重要求;升降限位、升降行走机构运动灵活、稳定,断电制动可靠。

定期维护:保持外部无尘垢;吊钩防滑装置完好;有劳动安全检查部门颁发的合格使用证,维修后必须经劳动安全部门检查合格后方可使用。电动葫芦的定期维护项目和周期应符合表 3-26 的规定。

表 3-26　电动葫芦的定期维护项目和周期

维护项目	维护周期(年)
1. 钢丝绳、索具涂抹防锈油脂	0.5
2. 齿轮箱检查,加注润滑油	1
3. 接地线连接状态检查和接地电阻检测	1
4. 轮箍与轨道侧面磨损状况检查,车挡紧固状态及纵向挠度整修	1
5. 电动葫芦制动器、卷扬机构、电控箱、齿轮箱整修	2
6. 齿轮箱清洗、换油	3 ~ 5

(二)桥式起重机

日常养护:使用前必须检查电控箱,通电后电源滑触线的接触良好。采用低压手操作控制器,电控箱、手操作控制器完好;大车、小车、升降机构运行稳定,制动可靠;接地线及系统连接可靠;用 10 倍放大镜检验吊钩,危险断面不得有裂纹,吊钩和滑轮组钢丝绳排列整齐;滑轮组和钢丝绳润滑充分;齿轮箱、大车、小车、驱动机构润滑良好。

定期维护:每 3 年一次。检查维护的主要项目和要求:

(1)桥架结构件螺栓紧固,尤其是主梁与端梁、大车导轨维修平台、导轨支架、小车或其他构件的连接螺栓不得有任何松动。

(2)箱形梁架主要焊接件的焊缝无裂纹、脱焊;若发现有裂纹,应铲除后重新焊接。在无负荷条件下,主梁在水平面的下沉值大于1/2 000 时,应修理校正。

(3)大车、小车的主驱动、传动轴、联轴节和螺栓连接紧固;更换过或修复的大车、小车制动器应制动灵敏可靠,若制动带磨损量达原厚度的 30% 应更换,沉头铆钉顶面埋下至少 0.5 mm。

（4）卷扬机、钢丝绳无严重磨损和缺油老化。

（5）齿轮箱、轴承和传动齿轮副无严重磨损;若主驱动减速器支承轴承及传动齿轮副磨损,齿面点蚀损坏达啮合面的 30%,深度达齿厚的 10%,应予更换。

（6）车轮及轨道无严重磨损和啃道;若轨道的接头横向位置及高低误差大于 1 mm,轨道侧面磨损超过轨宽的 15%,则均应更换。

（7）电器件完好有效,调整限位器及修正触头,并对各个导线接头进行检查。连接应紧固,无发热现象。应有劳动安全部门颁发的合格使用证,维修后必须经劳动安全部门检查合格后方可使用。

（三）剩水泵

离心剩水泵的维护应符合相关规定;潜水剩水泵的维护应符合相关规定;手摇往复泵的维护应符合下列规定:①活塞腔内清理污物每 3 月应不少于一次;②泵壳防腐处理每年一次;③解体维护每 3 年一次,同时更换活塞环。

（四）通风机

日常养护:防止进风、出风倒向;通风机的运行工况正常,无异声;通风管密封完好,无异常。

定期维护:风机进风、出风口检查每年一次,清除风机内积尘,加注润滑油脂;解体维护每 3 年一次。

（五）除臭装置

近年来,水处理工艺构筑物的除臭设备、设施发展很快,主要有物理脱臭吸附、化学氧化、焚烧、喷淋、生物过滤、洗涤、高能光量子除臭等。除臭装置按臭气处理工艺流程,一般可分为收集、处理和控制三个系统。收集系统主要由集气罩、风管、抽吸风机、屏蔽棚等装置组成。处理系统根据处理工艺不同设备组成有较大差异。采用生物吸附工艺的处理系统,主要由过滤器、洗涤器、循环水泵、吸附槽、加热恒温装置、喷淋器、酸碱发生器等组成;采用化学氧化法工艺的处理系统主要由臭氧发生器、酸碱发生器、活性炭氧化剂、高能离子发生器、抽吸风机等组成。控制系统主要由 pH、H_2S 在线检测监控仪表、流量计、液位计、PLC 控制器等电子监控仪器、仪表组成。

日常养护:收集系统、控制系统、处理系统运行正常,巡视每天不少于一次;除臭装置的气体收集系统完好无泄漏;收集系统在负压下运行,保持稳定的集气效果;停止运行时,应打开屏蔽棚通风。

定期维护:除臭装置及辅助设备运行工况检查每 3 月一次;除臭装置检修每年一次;除臭装置尾气排放的厂界标准值应符合《恶臭污染物排放标准》（GB 14554—93）的规定。

（六）真空泵

日常养护:启动前泵壳内应充满水,转子转动灵活,无碰擦卡阻;运行中检查真空度表、阀门进气管,泵体轴封不得泄漏;轴承润滑良好;机组的同心度、叶轮与泵盖间隙应符合产品说明书的规定,联轴器间隙应符合规定。

定期维护:真空泵轴封的密封状态好坏影响泵的真空度,轴封密封件或填料调整更换应每年一次;真空泵叶轮因长期运行、汽蚀作用后受到磨损时,会影响抽真空效率,因此包括叶轮的支承轴承在内,均应每隔 3 年进行解体检查、清洗和更换磨损的轴承。

(七)防水锤装置

日常养护:当水泵停止运行时,应对水锤消除器工作状态进行严密监视,防止因泵的出口压力变化损坏泵机。下开式防水锤装置消除水锤后,应及时复位;自动复位下开式防水锤装置消除水锤后,应确保连杆和重锤的复位;气囊式防水锤装置应保持气囊中的充气压力。

定期维护:定位销、压力表、阀芯、重锤连杆机构整修每年一次;气囊的密封性检测每年一次,电动控制系统完好有效;进水闸阀、空压机检修每 3 年一次。

(八)叠梁插板闸门

插板槽内无杂物,叠梁插板和起吊架妥善保存;钢制叠梁插板及起吊架防腐蚀处理每年一次;插板的密封条完好。

(九)柴油发电机组

日常维护:放置环境保持干燥和通风;清洁无尘垢;油路、电路和冷却系统完好;备用期间每月运转一次,每次运转不少于 10 min;每运行 50 ~ 150 h,清洗或更新空气和柴油滤清器;轮胎气压正常;风扇橡胶带的松紧适度,附件连接牢固。

定期维护:蓄电池维护每半年一次;每半年或累计运行 250 h,保养一次;维护每年一次,累计运行 500 h,应更换润滑油;恢复性修理每 3 年一次。

(十)备用水泵机组

放置环境保持干燥和通风;水泵性能、电动机绝缘、内燃机工况保持良好。

七、消防器材及安全设施

消防器材与设施属强制性检查项目,应落实专人管理。消防工作应执行中华人民共和国公安部令第 61 号《机关、团体、企业、事业单位消防安全管理规定》。灭火器应当建立档案资料,记明配置类型、数量、设置位置、检查维修人员、更换药剂的时间等有关情况。消防器材应定点放置,并绘制消防器材分布图,张贴于明显处。

消火栓、水枪及水龙带试压每年一次;灭火器、砂桶等消防器材按消防要求配置,定点放置,定期检查更换;做好露天消防设施的防冻措施。

绝缘手套、绝缘靴电气试验每半年一次;高压测电笔、绝缘毯、绝缘棒、接地棒电气试验每年一次;电气安全用具定点放置。

防毒、防爆仪表必须保持完好,有毒有害气体检测仪表的使用与维护符合《城镇排水管渠与泵站维护技术规程》(CJJ 68—2007)的规定;泵站防毒、防爆仪表必须定期经法定计量部门或法定授权组织检定,并且建立档案资料,记录仪表类型、数量、设置位置、检测机构、维修人员和日期等有关情况;防毒面具应完好无破损,滤毒罐必须按相关规定定期检查、称重并做好记录。滤毒罐有其规定的防护时间,有效存放期一般为 3 年,判断失效的方法有:①发现异样嗅觉即失效;②按防护时间及有毒气体浓度计算剩余使用时间;③滤毒罐增重 30 g 即失效;④安装失效指示装置。

安全色的使用应符合《安全色》(GB 2893—2008)的规定;安全标志的使用应符合《安

全标志》(GB 2894—2008)的规定。为引起对不安全因素的注意、预防发生事故,泵站内的消防设备、机器转动部件的裸露部分、起重机吊钩、紧急通道、易碰撞处、有危险的器材或易坠落处如护栏、扶梯、井、洞口等,应按标准绘制规定的安全色;在泵站内可能发生坠落、物体打击、触电、误操作、机械伤害、燃爆、有毒气体伤害、溺水等事故的地方,应按标准设置安全标志。

八、档案及技术资料管理

(一)档案管理

工程建设文本主要包括工程可行性研究报告、环境影响评价报告、扩大初步设计书、施工设计图和土地证明文本等。竣工验收资料主要包括竣工图、隐蔽工程验收单、竣工验收报告、设备清单和工程决算等。

运行管理单位应建立、健全泵站设施的档案管理制度。工程档案应包括工程建设前期、竣工验收、更新改造等资料。运行管理单位应编制排水设施量、运行技术经济指标等统计年报。

设施的维修资料应准确、齐全,并及时归档,包括一机一卡、维修计划与实施记录、维修质保检验与评定。突发事故或设施严重损坏情况的资料、处理结果应及时归档,归档的资料应包括各类事故记录、取样、摄影或录像等资料。运行资料应准确、规范,及时汇编成册,主要包括运行记录、变配电运行记录等。

(二)维护技术管理资料管理

维护技术管理资料应包括下列内容:泵站概况;泵站服务图,包括汇水边界、路名、泵站位置,主要管道流向、管径、管底标高;泵站平面图,包括围墙、泵房、进出水管道管径和事故排放口管径;泵站剖面图,包括进出水管的管径、标高、集水井、泵房、开停泵水位;泵站机电、仪表设备表;泵站电气主接线图、自控系统图;泵站日常运行资料。

复习思考题

1.排水管网附属构筑物包括哪些? 各自有什么功能?

2.排水管网疏通方法有哪些?

3.排水管道检测方法有哪些?

4.管道修理方法有哪些?

5.排水管道定期巡视的内容包括哪些?

6.检查井日常巡视检查包括外部巡视和内部检查,外部巡视和内部检查的内容分别有哪些?

7.简述寒冷地区冬季排水管道养护要求。

8.管道状况普查可分为功能状况和结构状况两类,主要检查项目分别是什么?

9.采用充气管塞封堵管道时有什么要求?

10.排水管道非开挖修理有哪些方法?

11.明渠定期巡视过程中,应及时制止哪些行为?

12.污泥运输有哪些注意事项?

13.水泵在运行中应进行巡视检查,主要包括哪些内容?

14.防雷和接地装置的检查与维护有哪些要求?

15.闸(阀)门的日常养护和定期维护包括哪些内容?

16.格栅除污机的日常养护和定期维护包括哪些内容?

17.消防器材及安全设施有哪些要求?

第四章　市政绿化设施的维修与养护

【教学目标】

1. 了解市政绿化设施的常见术语和一般规定;

2. 熟悉市政绿化设施的养护管理质量等级划分,掌握一、二、三级养护管理的基本要求;

3. 熟悉乔木、灌木、藤本植物、宿根及草本花卉、草坪、地被植物、古树名木、水生植物的养护技术。

第一节　术语与一般规定

一、术语

行道树,指沿道路或公路旁种植的乔木。

乔木,指主干明显而直立,树体高大的木本植物。

灌木,指树体矮小,无明显主干或枝干丛生的木本植物。

地被植物,指株丛密集、低矮,用于覆盖地面的植物。

藤本植物,指依靠缠绕或攀附他物而向上生长的木本或草本植物。

宿根花卉,指植物地下部宿存越冬,次年继续萌芽开花,并可持续多年的草本花卉。

草坪,指草本植物经人工种植或改造后形成的具有观赏效果,并能供人适度活动的坪状草地。

古树名木:古树泛指树龄在百年以上的树木;名木泛指珍贵、稀有或具有历史、科学、文化价值以及有重要纪念意义的树木,也指历史和现代名人种植的树木,或具有历史事件、传说及神话故事的树木。

主干,指乔木或非丛生灌木地表面与分枝点之间,上承树冠、下接根系的部分。

主枝,指自主干生出,构成树型骨架的粗壮枝条。

树冠,指树木主干以上集生枝叶的部分。

绿篱,指成行密植,作造型修剪而形成的植物墙。

修剪,指对苗木枝干和根系进行疏剪或短截。

整形修剪,指采用剪、锯、疏、捆、绑、扎等手段,使树木长成特定形状的过程。

短截,指在枝条上选留合适的芽后将枝条剪短。

剪口,指枝条被剪截后留下的断面。

摘心,指摘掉当年新生顶梢的措施。

中耕,指用人工或机械松动土壤表层的过程。

杂草,指除目的作物外的,妨碍和干扰人类生产和生活环境的各种植物类群。

施肥,指在植物生长和发育过程中,为补充所需的各种营养元素而施用肥料的措施。

基肥,指植物种植或栽植前,施入土壤或坑穴基底的有机肥料。

追肥,指植物种植或栽植后,为弥补植物所需各种营养元素的不足而追加施用的肥料。

浇灌,指为满足植物对水分的需要而采取的人工引水措施。

越冬水,指在土壤封冻前对植物进行的浇灌。

解冻水,指在土壤化冻后对植物进行的浇灌。

病虫害防治,指对各种植物病害、虫害进行预防和治疗。

二、一般规定

根据道路绿化地点的重要程度及植物的种类将养护管理分为一级养护、二级养护和三级养护3种等级。重要观光地点、地段的绿化(含其中的草坪、灌木、花卉、乔木和设施)、造型植物及古树名木的养护管理划为一级养护;偏远地方、地段的绿化养护划为三级养护;介于一级养护和三级养护之间的划为二级养护。根据各地园林绿化水平,等级养护可根据实际情况确定。各类绿地、树木、草坪、花卉养护管理均应遵循以下原则:

(1)符合园林植物的生长习性,根据植物生长状况、植物建群规律和景观要求,调整种植结构,使植物配置关系合理,趋于自然。

(2)符合不同类型绿地的功能和景观要求。

(3)符合园林绿化的立地条件。

(4)符合生态环境保护要求。

第二节　养护管理质量等级

园林植物养护管理是保证绿化质量和绿化效果的基础。养护管理是根据植物的生物学特性和生长规律,并结合当地实际情况,制定出园林植物养护管理的技术规范,包括古树名木管理技术规范。

一、一级养护管理

园林植物一级养护管理应符合以下质量要求:

(1)生长超过该树种该规格的平均生长量,新建绿地各种植物2年内达到正常形态。

(2)园林树木树冠完整美观,分枝点合适,枝条粗壮,无枯枝死杈,过冬前新梢木质化;主侧枝分布匀称、数量适宜;修剪科学合理;内膛不乱,通风透光。花灌木开花及时,株形丰满,花后修剪及时合理。绿篱、色块等修剪及时,枝叶茂密,整齐一致,整型树木造型美观。行道树无缺株,树高一般控制在 10～17 m,不能影响高压线、路灯和交通。

(3)落叶树新梢生长健壮,叶片大小、颜色正常,无黄叶、焦叶、卷叶,正常叶片保存率在95%以上。针叶树针叶宿存3年以上,结果枝条在10%以下。

(4)花坛、花带轮廓清晰,整齐美观,色彩艳丽,无残缺,无残花败叶。

(5)草坪及地被植物适时修剪整齐,覆盖率99%以上,无杂草。纯草坪和混合草坪的目的草种纯度达 99%，草坪高度控制在 80 mm 以下，生长茂盛，颜色正常，不枯黄。草坪绿色期：冷季型草不得少于 270 d，暖季型草不得少于 240 d。

（6）病虫害控制及时，危害率不得超过 2%，无明显害虫的活卵、活虫及病状。在园林树木主干、主枝上平均每 0.01 m² 的活虫数不得超过 1 头，较细枝条上平均长每 300 mm 不得超过 2 头，叶片上无虫粪、虫网，被虫咬的叶片每株不得超过 2%。

垂直绿化应根据不同植物的攀缘特点，及时采取相应的牵引、设置网架等技术措施，视攀缘植物生长习性，覆盖率不得低于 90%。开花的攀缘植物应适时开花，且花繁色艳。

绿地整洁，水面干净，绿地内无死树、杂树、枯死枝、杂物、砖石瓦块和塑料袋等废弃物，随产随清。绿地完整，无明显的人为损坏，绿地、草坪内无堆物、堆料、搭棚或侵占等；树干上无钉拴刻画等现象。行道树下距树干 2 m 范围内无堆物、堆料、圈栏或搭棚设摊等影响树木生长和养护管理的现象。

道路绿化养护产生的树枝、落叶、草屑等绿化生物垃圾必须集中处理，进行生物降解，堆肥循环使用。

古树名木生长优良，枝繁叶茂；管养科学，抚育精心。

二、二级养护管理

园林植物二级养护管理应符合以下质量要求：

（1）生长达到该树种该规格的平均生长量，新建绿地各种植物 3 年内达到正常形态。

（2）园林树木树冠基本完整，主侧枝分布匀称、数量适宜、修剪合理，内膛不乱，通风透光。花灌木开花及时、正常，花后修剪及时。绿篱、色块枝叶正常，整齐一致。行道树缺株不得超过 1%，不能影响高压线、路灯和交通。

（3）落叶树新梢生长正常，叶片大小、颜色正常，黄叶、焦叶、卷叶和带虫屎、虫网的叶片不得超过 5%，正常叶片保存率在 90% 以上。针叶树针叶宿存 2 年以上，结果枝条不超过 20%。

（4）花坛、花带轮廓清晰，整齐美观，适时开花，无残缺。

（5）草坪及地被植物适时修剪整齐，覆盖率在 95% 以上，除缀花草坪外，杂草率不得超过 5%，纯草坪和混合草坪的目的草种纯度达 95%，高度控制在 100 mm 以下；生长和颜色正常，不枯黄。草坪绿色期：冷季型草不得少于 240 d，暖季型草不得少于 210 d。

（6）病虫害控制及时，危害率不得超过 5%，园林树木的主干、主枝上平均每 0.01 m² 的活虫数不得超过 2 头，较细枝条上平均长每 300 mm 不得超过 5 头，叶上无虫粪，被虫咬的叶片每株不得超过 5%。

垂直绿化应根据不同植物的攀缘特点，采取相应的牵引、设置网架等技术措施，视攀缘植物生长习性，覆盖率不得低于 80%，开花的攀缘植物能适时开花。

绿地整洁，无死树、杂树、枯死枝等，水面杂物应日产日清，做到保洁及时。绿地完整，无堆物、堆料、搭棚，树干上无钉拴刻画等现象。行道树下距树干 2 m 范围内无堆物、堆料、搭棚设摊、圈栏等影响树木生长和养护管理的现象。

道路绿化养护产生的树枝、落叶、草屑等绿化生物垃圾能够部分收集处理，堆肥循环使用。

三、三级养护管理

园林植物三级养护管理应符合以下质量要求：

（1）生长正常，新建绿地各种植物 4 年内达到正常形态。

（2）园林树木树冠基本正常，修剪及时，无明显枯枝死杈。分枝点合适，枝条粗壮，行道树缺株不得超过 3%。

（3）落叶树新梢生长基本正常，叶片大小、颜色正常，在正常条件下，有黄叶、焦叶、卷叶和带虫屎、虫网叶片的株数不得超过 10%，正常叶片保存率在 85% 以上。针叶树针叶宿存 1 年以上，结果枝条不超过 50%。

（4）花坛、花带轮廓基本清晰，整齐美观，无残缺。

（5）草坪及地被植物整齐一致，覆盖率在 90% 以上，除缀花草坪外，杂草率不得超过 10%，根据情况控制高度，使绿地呈现自然的景观效果，杜绝抽穗现象发生；生长和颜色正常。草坪绿色期：冷季型草不得少于 210 d，暖季型草不得少于 180 d。

（6）病虫害控制比较及时，危害率不得超过 8%，在园林树木主干、主枝上平均每 0.01 m² 的活虫数不得超过 3 只，较细枝条上平均长每 300 mm 不得超过 8 只，被虫咬的叶片每株不得超过 8%。

垂直绿化能根据不同植物的攀缘特点，采取相应的技术措施，视攀缘植物生长习性，覆盖率不得低于 70%。开花的攀缘植物能适时开花。

绿地整洁，无死树、杂树、枯死枝等，无明显杂物，无白色污染；绿地内水面杂物能日产日清，做到保洁及时。绿地完整，无明显堆物、堆料、搭棚，树干上无钉拴刻画等现象。行道树下距树干 2 m 范围内无明显的堆物、堆料、圈栏或搭棚设摊等影响树木生长和养护管理的现象。

道路绿化养护产生的树枝、落叶、草屑等绿化生物垃圾能够及时清理。

第三节　植物养护技术

园林植物的养护管理工作是经常性的工作，必须四季不断地进行，其主要内容有施肥、浇水与排水、修剪、中耕除草、自然灾害防治、树体的保护和修补等。这些管理措施应根据不同的树种、物候期和特定要求适时进行。遵循科学性、实用性的原则和园林绿化分类分级养护管理的原则，制定相应的各类各级绿地、树木养护管理质量等级。

一、乔木养护

（一）浇灌

根据乔木的种类、季节和立地条件进行适时适量的浇水。干旱季节宜多灌，雨季少灌或不灌；发芽生长期可多灌；休眠期前适当控制水量。浇水应浇透，浇水前应进行围堰，防止水外流。浇水围堰应规整，密实不透水。围堰直径视栽植树木的胸径、冠幅大小而定。

必须在日化夜冻时浇越冬水，春季适时浇解冻水。应及时排除树穴内的积水，对不耐水湿的乔木应在 12 h 内排除积水。浇灌设施应完好，如发生滴、漏等现象，应及时补救。

（二）施肥

根据乔木品种、生长发育阶段和立地土壤理化状况的不同，施肥应以有机肥为主。施肥量应由树木的种类和生长势而定；种植 3 年以内的乔木和树穴有植被的乔木，宜适当增加施肥量和次数。

肥料应先打穴或开沟，再进行施肥。环施应在树冠正投影线外缘，深度和宽度一般为 300 ~ 400 mm，沟（穴）施应避免伤根，施肥后应回填土、踏实、浇足水，找平，不得使所施肥料裸露。除施用叶面肥外，树木施肥不得触及叶片，施肥后应及时浇水。

（三）修剪

乔木整形效果应符合树木生物学特性，并与周围环境协调。行道树修剪应保持树冠完整美观，主侧枝分布匀称和数量适宜，内膛不空又通风透光，根据不同路段车辆等情况确定下缘线高度和树冠体量，树高宜控制在 10 ~ 17 m，且不得影响高压线、路灯和交通指示牌。

单位附属绿地内种植的乔木，当枝叶影响城市公共道路或物业管理时，应及时修剪。修剪应按操作规程进行，尽量减小伤口，剪口要平，剪口处应涂抹保护剂，不得留有树桩。萌枝、下垂枝、下缘线下的萌蘖枝及干枯叶应及时剪除。

（四）中耕除草

适时中耕，保持土壤疏松、通气良好，保持绿地整洁，减少病虫滋生，保水保肥。松土以不影响根系和不损伤树皮为限，深度宜为 50 ~ 90 mm。对树干周围的野生植物、藤蔓植物应遵循生物共生原则，合理控制，达到整齐美观的要求。

（五）补植、改植

及时清理死树，补植的时间应按照城市绿化栽植工程的计划完成，并根据不同树木移栽的最佳时间确定。补植的树木应与栽植地段原树木的品种及规格保持一致。新补植的树木应按照树木种植规范进行，施足基肥并加强浇水等保养措施，保证成活率达 100%。对已呈老化或明显与周围环境景观不协调的树木应及时进行改植。

（六）防风、防寒及防意外处理

风障应在迎风面搭设，其高度应超过株高，搭设必须牢固。在秋季做好排水，停止施肥及控制灌水，促使枝干木质化，增强抗寒能力。不耐寒的树木要用防寒材料包扎主干或包裹树冠防寒；如遇到下雪天气应及时清除树枝、树杈上的积雪，无积雪压弯、压伤、压折枝条现象。遇雷电风雨、人畜危害而使树木歪斜或倒树断枝，应立即处理并疏通道路。

二、灌木养护

（一）浇灌

春季干旱季节，必须浇解冻水；夏季雨季注意排涝，积水不得超过 12 h。应根据灌木品种的生物学特性适时、适量浇水。浇水应浇透，浇水前应进行围堰，防止水外流。

（二）施肥

根据灌木品种需要、开花特性、生长发育阶段和土壤理化性质状况，选择施用有机肥，春秋季适时施肥。施肥时宜采用埋施或水施等方法进行，肥料不应裸露；应避免肥料触及叶片，施完后应及时浇水。根据灌木的种类、用途不同，酌情施肥；色块灌木和绿篱每年追肥至少 1 次。

（三）修剪

常绿灌木除特殊造型外,应及时剪除徒长枝、交叉枝、并生枝、下垂枝、萌蘖枝、病虫枝及枯死枝。观花灌木应掌握花芽发育规律,对当年新梢上开花的花灌木应于早春萌发前修剪,短截上年的已开花枝条,促使新枝萌发。对当年形成花芽、次年早春开花的花灌木,应在开花后适度修剪,对着花率低的花灌木,应保持培养老枝,剪去过密新枝。造型灌木(含色块灌木),按规定的形状和高度修剪,做到形状轮廓线条清晰、表面平整圆滑。

灌木过高影响景观效果时应进行强度修剪,宜在休眠期修剪;修剪后剪口或锯口应平整光滑,不得劈裂、不留短桩,剪口应涂抹保护剂。绿篱修剪应做到上小下大,篱顶、两侧篱壁三面光;应严格按安全操作技术要求进行,并及时清理剪除的枝条、落叶。

（四）中耕松土

中耕松土时不得伤及植株根系,保证土壤的通风透气性。清除的杂草应随时清运。

（五）补植、改植

枯死的灌木应及时连根挖除,并选规格相近、品种相同的新苗木补植。在树木生长期内移植时,应在不影响植物株形的情况下修剪部分枝条和叶片。对已呈老化或明显与周围环境不协调的灌木应及时进行改植。

（六）防风、防寒

防风、防寒设施应坚固、美观、整洁,无撕裂翻卷现象。

三、藤本植物养护

（一）浇灌

根据藤本植物的种类、季节和立地条件进行适时适量的浇水。干旱季节宜多灌,雨季少灌或不灌;发芽生长期可多灌;休眠期前适当控制水量。浇水应浇透,浇水前应进行围堰,防止水外流。浇水围堰应规整,密实不透水。围堰直径视栽植树木的胸径、冠幅大小而定。

必须在日化夜冻时浇越冬水,春季适时浇解冻水。应及时排除树穴内的积水,对不耐水湿的乔木应在 12 h 内排除积水。浇灌设施应完好,如发生滴、漏等现象,应及时补救。

（二）施肥

根据藤本植物品种、生长发育阶段和立地土壤理化状况的不同,施肥应以有机肥为主。施肥量应由树木的种类和生长势而定;种植 3 年以内的乔木和树穴有植被的乔木,宜适当增加施肥量和次数。

肥料应先打穴或开沟,再进行施肥。环施应在树冠正投影线外缘,深度和宽度一般为300～400 mm,沟(穴)施应避免伤根,施肥后应回填土、踏实、浇足水,找平,不得使所施肥料裸露。除施用叶面肥外,树木施肥不得触及叶片,施肥后应及时浇水。

（三）修剪

藤本植物的修剪应以促进分枝为主,并剪除徒长枝和下垂枝。多年生的藤本植物应定期翻蔓,清除枯枝,疏除老弱藤蔓。每年常规修剪 1 次,每隔 2～3 年应理藤 1 次,理顺分布方向,使叶蔓分布均匀、厚度相等,并应依不同类型及生长状况及时牵引。

（四）中耕除草

适时中耕,保持土壤疏松、通气良好,保持绿地整洁,减少病虫滋生,保水保肥。松土以不影响根系和不损伤树皮为限,深度宜为 50 ~ 90 mm。对树干周围的野生植物、藤蔓植物应遵循生物共生原则,合理控制,达到整齐美观的要求。

（五）其他

雨季应做好排水,秋季停止施肥、灌水,冬季及时清除藤蔓、棚架上的积雪。

四、宿根及草本花卉养护

（一）浇灌

应根据宿根及草本花卉种类和不同生长发育时期以及土壤墒情适时浇水。在春季开花的草花必须及时浇水,宿根花卉必须浇解冻水。土壤封冻前剪除地上部分后浇越冬水。

（二）施肥

根据植物品种、生长发育阶段和土壤理化性质状况,应施有机肥。栽种时应施足基肥,在每年的春、秋季重点施肥 1 ~ 2 次,并根据生长情况适当追施无机肥,以满足植物生长需要,在生长期间应进行追肥或叶面施肥。肥料的施用应适量、均匀。

（三）修剪及分栽

草本花卉需摘心的品种应及时摘心;草本花卉开花后,应及时摘除残花;生长季节应及时清理枯黄叶片。对根蘖成丛的宿根花卉,过密时应重新分栽。对易倒伏的宿根花卉应适时修剪,及时清理倒伏叶片。进入休眠状态后,应及时清理地上部枯枝、残叶。

（四）中耕除草

及时中耕除草,不得伤根及造成根系裸露;宿根花卉萌芽期应保护新生嫩芽,并及时剪除多余萌蘖。

（五）补植

及时清理死苗,并在两周内补植与原来种类及规格接近的植株。补植应按照种植规范进行,施足基肥并加强淋水等保养措施,保证成活率。

（六）其他

对不耐寒的宿根草本花卉应采取覆土、覆膜等不同防寒措施,确保安全越冬。

五、草坪养护

（一）浇灌

对冷季型草坪植物的生长应加强浇水,保证水分充足。新栽草坪除雨季外,每周宜浇 1 ~ 2 次透水,并渗入地下 100 ~ 150 mm。在雨水缺少的季节,每天的淋水量应稍大于该草种规格的蒸腾量。炎热夏季浇水应在上午 10 时前或下午 4 时后,避开中午暴晒时间。在入冬前日化夜冻时浇足越冬水,春季解冻后浇透解冻水。病害易发期不宜在傍晚浇水,宜在上午没有露水时浇水。浇水应避免对草坪的冲刷,雨后及时排除积水。

（二）施肥

宜在春季进行,生长期施追肥每年 2 ~ 3 次,在剪草 1 周内进行。用量根据草地生长需要而定,干施时加 1 ~ 2 倍干细土混合均匀撒施,应避免叶面潮湿时撒施。撒肥后必须及时浇水,但水量不宜过大,避免肥分被冲走。

(三)修剪

适时修剪,达到均匀整齐,每次修剪量不应超过茎叶组织纵向总高度的1/3。修剪高度应按照品种本身的特性、草坪草生长的立地条件及生长季节的气候条件和草坪草自身的状态修剪。修剪前应对草坪上的砖石、树枝等杂物进行清理。

夏季以早晚进行修剪为宜,立秋后应在杂草结籽前修剪,修剪应按合理程序进行,遇到有病害的草坪应进行隔离修剪,剪下的草屑应集中处理并及时对草坪进行病害防治。

同一草坪不应多次在同一行列、同一方向修剪。剪草应平整,边角无遗漏。草屑应及时清理。

(四)中耕除草

及时消除非种植的杂草。除杂草时间和次数应根据草坪品种和杂草多少而定,遵循除早、除小、除了原则。草坪只要有杂草,在早春杂草发芽出土时和立秋杂草籽成熟前,均应及时排除干净。人工排除杂草应连根挖除,集中处理,若杂草集中量多,可连根挖除,再补栽所需草种。

采用化学除草剂除草时应在杂草幼苗期及时施药,严格掌握药剂浓度和单位面积施药量,大面积草坪施药时应分小区逐区喷洒,避免重复和遗漏。施药应选择晴天、无风天气,上午10时至下午4时进行。施药应选择在下风方向,严禁喷施在树木、花卉上。雨季喷施,在12 h之内不下雨即可抓紧进行。除草剂保管、施用应注意安全。

使用纯草种和混合草种,其草种纯度达95%～98%时,可通过剪草控制杂草生长。

(五)更新复壮

补栽应挖除枯黄、死亡草根,将地整平再补栽同种草坪品种。草坪生长一定年限后(一般情况2年)已衰败,应采用断根、施肥等方法进行更新、复壮。应通过疏草、打孔等措施增加土壤的通风透气性,及时清理枯草层。用补播、补栽、定期封闭、覆盖裸露斑块等措施,对草坪更新复壮。

六、地被植物养护

(一)浇灌

地被植物除出现连续干旱无雨天气外,一般不需要人工浇水。浇水应在上午10时前和下午4时后进行。一般情况下,每年应检查1～2次,栽植地的土壤必须保持良好的排水。及时浇越冬水和解冻水。

(二)施肥

根据乔木品种、生长发育阶段和立地土壤理化状况的不同,施肥应以有机肥为主。施肥量应由树木的种类和生长势而定;种植3年以内的乔木和树穴有植被的乔木,宜适当增加施肥量和次数。

肥料应先打穴或开沟,再进行施肥。环施应在树冠正投影线外缘,深度和宽度一般为300～400 mm,沟(穴)施应避免伤根,施肥后应回填土、踏实、浇足水,找平,不得使所施肥料裸露。除施用叶面肥外,树木施肥不得触及叶片,施肥后应及时浇水。

（三）修剪

一般低矮类型品种不需要经常修剪。观花地被植物，少数带残花或者花茎高的，须在开花后适当压低，或者结合种子采收，适当修剪。藤本植物做地被，适时修剪，严禁爬到灌木上。

（四）中耕除草

地被植物在未覆盖前期，每年应及时中耕除草 1～2 次。

（五）更新复壮

对出现过早衰老成片的地被应根据不同情况，对表土进行刺孔，使根部土壤疏松透气，同时加强施肥浇水。对一些观花类的多年生地被，应每隔 5 年左右进行一次分根翻种。翻种时应将衰老的植株及病株去除，选取健壮植株重新栽种。

七、古树名木养护

古树名木养护，应该设立保护围栏，禁止人畜进入。不得在古树名木树冠垂直投影内挖坑取土、动用明火、堆放杂物、排放废气、倾倒污染物。在古树名木树冠垂直投影外缘 5 m 内不准埋设地下管线及新建建筑物和临时建筑物。严禁在古树名木上乱画乱刻或晾晒衣物。在游人多或土壤密实的地方，应采取松土或换土措施。树穴外围不能采用硬铺装，铺装材料应采用透气砖或空心混凝土砌块。高大的古树名木应安装避雷针。对新发现的古树名木，应上报相关单位或主管部门。

（一）浇水与排水

每年必须浇足越冬水和解冻水。干旱的年份，春、夏两季应补水。无铺装情况下，浇水面积应不小于树冠垂直投影面积。冬季可将自然降雪堆在树下，严禁用含盐雪、融雪盐水侵蚀树根。古树名木生境地势低洼、地下水位高、土壤容重大、土壤含水量高时，必须设渗水井或铺设盲管等有效的排水设施，及时排除根部积水。

（二）施肥

测定土壤和枝叶的养分含量，对缺少养分的古树名木应针对性地施肥。施肥时可在树冠垂直投影的外侧开挖放射沟施肥，或在树冠投影下的根系分布区内用穴施法施肥，宜施腐熟透的有机肥。

（三）修剪

修剪应履行报批手续，申报修剪。修剪以去除枯死枝、促进树势生长为原则，严禁对树冠进行大幅度修剪。修剪应避开树木伤流盛期，修剪后应对剪口及时进行消毒和防腐处理。

（四）支撑加固及修补措施

凡树体不稳或树体倾斜的应采取加固措施或支撑的办法，支撑可以用木料、钢材或砌筑假山石等方法，支撑物应与环境相协调。支撑部位必须垫衬耐腐蚀性缓冲物，严禁损伤树皮。

树洞及树身的伤痕应及时修补。不致影响树体稳定的树洞可以不填充，保持原貌，必须将树洞内腐烂木质部刮掉，用消毒剂消毒，在树洞底端设排水管，及时排水。影响树体稳定的树洞应进行堵洞修复。修补树洞必须先刮除洞内腐烂木质并用消毒剂消毒、晾干，用具有耐久性、韧性、弹性、对活树无害的材料填充空洞,空洞大的应加支撑物,填补后的表面颜色、形状应与树皮外观相近。宜采用国内同类古树名木修补成功方法进行。

(五)复壮措施

古树名木复壮应由具有相应技术资质的单位施工。复壮应采用复壮沟技术。复壮沟应符合下列规定:挖复壮沟前应先确定古树根系分布区,并找到吸收根。在吸收根外侧挖复壮沟,复壮沟宜深 800 ~ 1 000 mm、宽 800 ~ 1 000 mm,长度和形状应根据地形、地势及树木生长状况而定,填埋物为复壮基质及树枝。复壮沟应与通气管和渗水井相连,以利于透气排水。

(六)病虫害防治

防治病虫害应遵循"预防为主,综合防治"的方针。充分利用生物防治方法,积极保护和利用鸟类、昆虫等天敌来防治虫害。药物防治应以无公害、低毒农药为主,在给树体喷药时应预先进行药效性质试验。加强病虫害的预测预报工作,对新发现的病虫害应做好调查、研究和控制,防止病虫对古树名木造成危害。

八、水生植物养护

观花的沿岸或挺水植物,每年至少应施肥 1 次。施肥应以腐熟的有机肥为主,应用可分解的纸做袋装肥或用泥做成团施入泥中。

水生植物在幼苗期生长缓慢,从栽植起到植株生长的全过程,必须经常清除杂草。在水生植物群落营造前期,应加强人工维护,去除该群中生长的其他品种的水生植物。

水面上水生植物的覆盖度应小于水面积的 30%,漂浮植物或浮水植物应进行围合,固定其位置和范围。因繁殖而密度过大时,应剔除部分老植株。

对于老化及生长不良的水生植物,应及时更换或更新种植,并应在其休眠或生长相对停滞时进行。

水生植物应调节水位,掌握先由浅入深、再由深到浅的原则。栽种时,保持 50 ~ 100 mm 的水位,随着立叶或浮叶的生长,可根据植物的需要量提高水位。

部分水生植物抗风、抗寒能力差,冬天应进室内或灌深水防冻。

必须重视病虫害防治,随时观察病虫害情况。

复习思考题

1. 道路绿化养护管理如何分级?
2. 园林植物一级养护管理应符合什么质量要求?
3. 园林植物的养护管理工作包括哪些内容?
4. 乔木养护和灌木养护有哪些区别?
5. 草坪养护中浇灌有哪些要求?
6. 古树名木养护的基本要求有哪些?
7. 水生植物养护有哪些要求?

附录　Ⅱ～Ⅴ类养护的城市桥梁评分等级、扣分表

附表 1　桥面系各构件评分等级、扣分表

损坏类型		定义	损坏评价				说明
			程度	<3%	3%～10%	>10%	
桥面铺装	网裂或龟裂	桥面产生交错裂缝，把桥面分割成网状的碎块	扣分值	5	15	40	网裂总面积占整个桥面面积的百分比
	波浪及车辙	桥表面有规则的纵向起伏或局部拥包及沿轮迹处的路表凹陷	程度	<3%	3%～10%	>10%	出现波浪及车辙的总面积占整个桥面面积的百分比
			扣分值	5	15	40	
	坑槽	桥面材料散失后形成凹坑，但没有贯穿桥面	程度	<3%	3%～5%	>5%	坑槽总面积占整个桥面面积的百分比
			扣分值	50	60	70	
	碎裂或破碎	桥面出现成片裂缝，缝间路面已裂成碎块	程度	<3%	3%～5%	>5%	碎裂或破碎的总面积占整个桥面面积的面分比
			扣分值	40	65	80	
	洞穴	桥面开裂或破损，形成贯穿桥面的洞穴	程度	1 个	2 个	3 个	洞穴数量
			扣分值	50	65	80	
	桥面贯通横缝	与桥面道路中线大致垂直并且在横向可能贯通整个桥面的裂缝，有时伴有少量支缝	程度	无	半贯通	贯通	裂缝在垂直于桥面道路中线方向的贯通程度
			扣分值	0	5	15	
	桥面贯通纵缝	与桥面道路中线大致平行并且在纵向可能贯通整个桥面的裂缝，有时伴有少量支缝	程度	无	半贯通	贯通	裂缝在平行于桥面道路中线方向的贯通程度
			扣分值	0	5	15	

续附表 1

损坏类型		定义	损坏评价				说明
桥头搭板平顺	桥头沉降平顺	桥梁与道路连接处形成高差	程度	无	轻微	明显	"无"指桥梁与道路连接平顺，目测不出高差；"轻微"指桥梁与道路连接有高度差，高度差未超过《城市桥梁养护技术规范》(CJJ 99—2003)限值；"明显"指桥梁与道路连接有高度差，高度差超过《城市桥梁养护技术规范》(CJJ 99—2003)限值
			扣分值	0	15	40	
	台背下沉值	道路路面在桥梁台背回填处出现沉降的深度	程度	<2 cm	2～5 cm	>5 cm	道路路面在桥梁台背回填处出现沉降的深度
			扣分值	15	40	80	
伸缩缝	螺帽松动	带螺栓的伸缩装置中原本紧固的螺帽产生松动	程度	无	1～5个	>5个	螺帽松动的数量
			扣分值	0	15	40	
	缝内沉积物阻塞	垃圾、泥土等杂物进入伸缩缝，造成伸缩缝阻塞	程度	无	少量	严重	"无"指几乎没有杂物进入伸缩缝内；"少量"指伸缩缝内有少量的杂物；"严重"指伸缩缝内有大量的杂物，并造成伸缩缝严重阻塞
			扣分值	0	5	15	
	接缝处铺装碎边	桥梁接缝处桥面边缘出现破碎损坏	程度	无	轻微	严重	"无"指桥梁接缝处桥面边缘没有破损；"轻微"指桥梁接缝处桥面边缘有10个以内小于0.1 m²，深度小于2 cm的破损；"严重"指伸缩缝处有面积大于0.1 m²，深度大于2 cm的破损或有面积大于0.1 m²以上破损边缘有10个以上的破损
			扣分值	0	40	65	
	接缝处高差	伸缩装置高差；伸缩装置保护带与桥面的高差	程度	无	轻微	明显	"无"指桥梁伸缩装置与桥面(路面)连接平顺，目测不出高差；"轻微"指桥梁伸缩装置与桥面(路面)连接有高度差，高度差未超出《城市桥梁养护技术规范》(CJJ 99—2003)限值；"明显"指桥梁伸缩装置与桥面(路面)高度差超过《城市桥梁养护技术规范》(CJJ 99—2003)限值
			扣分值	0	5	15	

续附表 1

损坏类型		定义		损坏评价			说明
伸缩缝	钢材料翘曲变形	伸缩缝内的钢材料构件产生不均匀应变而形成非正常的弯曲或扭曲变形	程度	无	轻微	严重	"无"指钢材料没有翘曲变形;"轻微"指钢材料有≤1 cm的翘曲变形,这种变形基本上不影响该构件原有的功能;"严重"指钢材料有>1 cm的翘曲变形,这种变形严重影响了该构件原有的功能
			扣分值	0	15	40	
	结构缝宽	伸缩缝在设计时预留的正常缝宽	程度	正常	略有变化	卡死	"正常"指伸缩缝宽为设计时预留的正常缝宽;"略有变化"指伸缩缝与设计时预留的正常缝宽相比有>2 cm的变化;"卡死"指伸缩缝宽几乎为零,伸缩缝两侧的桥梁构件紧密地接触在一起
			扣分值	0	15	65	
	伸缩缝处异常声响	伸缩缝结构在车辆经过时发出非正常声响	程度	无	轻微	严重	"无"指伸缩缝在车辆经过时没有异常声响;"轻微"指伸缩缝在车辆经过时发出不太明显的异常声响;"严重"指伸缩缝在车辆经过时发出很明显的异常声响
			扣分值	0	10	30	
排水系统	泄水管阻塞	垃圾、泥土等杂物进入泄水管,造成泄水管阻塞	程度	<5%	5%～20%	>20%	被阻塞的泄水管数占所有泄水管总数的百分比
			扣分值	10	40	80	
	残缺脱落	排水设施残缺不全或脱落	程度	<5%	5%～20%	>20%	残缺脱落的排水设施数占所有排水设施总数的百分比
			扣分值	10	20	40	
	桥面积水	桥面雨水不能及时排走而形成积水	程度	无	个别处	多处	"无"指桥面没有积水现象;"个别处"指桥面只有一处有积水现象;"多处"指桥面有两处以上积水现象
			扣分值	0	45	65	
	防水层	设置于桥面铺装内的水泥或沥青混凝土的防水结构层	程度	完好	渗水	漏水	"完好"指防水层完好,从桥梁梁底来看没有渗水的痕迹;"渗水"指防水层轻微的渗水,从桥梁梁底来看,在个别位置有不太明显的渗水痕迹;"漏水"指防水层漏水,从桥梁梁底来看,在多处位置有漏水的痕迹并且漏水量较大
			扣分值	0	30	65	

续附表 1

损坏类型	定义	损坏评价				说明
露筋锈蚀	钢筋混凝土材料的栏杆或护栏表面水泥混凝土剥落,露出内嵌的钢筋且钢筋产生锈蚀	程度	<5%	5%~10%	>10%	产生露筋锈蚀的构件数占所有栏杆或护栏构件总数的百分比
		扣分值	10	20	40	
栏杆或护栏 松动错位	原本固定在桥面的栏杆或护栏产生松动或位置错动	程度	轻微	中等	严重	"轻微"指栏杆或护栏只有个别的构件松动或错位,只稍微影响美观;"中等"指栏杆或护栏有≤20%的构件松动或错位,不仅影响美观,而且存在一定的安全隐患;"严重"指栏杆或护栏有20%以上的构件松动或错位,而且存在严重的安全隐患
		扣分值	10	30	*	
栏杆或护栏 丢失残缺	栏杆或护栏的构件损坏后丢失,使得栏杆或护栏残缺不全	程度	轻微	中等	严重	"轻微"指栏杆或护栏只有个别的构件丢失或残缺,只稍微影响美观;"中等"指栏杆或护栏有≤20%的构件丢失或残缺,不仅影响美观,而且存在一定的安全隐患;"严重"指栏杆或护栏有20%以上的构件丢失或残缺,而且存在严重的安全隐患
		扣分值	10	30	*	
人行道块件 网裂	人行道面产生交错裂缝,把人行道块件分割成网状的碎块	程度	<10%	10%~20%	>20%	网裂总面积占整个人行道面积的百分比
		扣分值	15	30	50	
人行道块件 塌陷	人行道块件脱空下陷	程度	<5%	5%~10%	>10%	塌陷总面积占整个人行道面积的百分比
		扣分值	15	25	40	
人行道块件 残缺	人行道块件破并材料散失	程度	<5%	5%~10%	>10%	残缺面积占整个人行道面积的百分比
		扣分值	15	30	50	

注:*为Ⅱ～Ⅴ类养护的城市桥梁不打分,达到该项损坏程度时,直接将该桥定为 D 级,Ⅰ类养护的城市桥梁定为不合格桥梁。

附表 2　上部结构各构件评分等级、扣分表

损坏类型	定义	损坏评价				说明
变色起皮	钢结构物表面油漆变色或漆皮隆起	程度	无	<30%	>30%	变色起皮的总面积占整个钢结构物表面积的百分比
		扣分值	0	15	30	
剥落	钢结构物表面油漆剥落	程度	无	<10%	>10%	剥落的总面积占整个钢结构物表面积的百分比
		扣分值	0	20	40	
一般锈蚀	钢结构物表面出现锈斑	程度	无	<10%	>10%	一般锈蚀的总面积占整个钢结构物表面积的百分比
		扣分值	0	25	45	
钢结构物 锈蚀成洞	钢结构物生锈并被洞穿	程度	无	1个	1个以上	"无"指钢结构没有出现锈蚀成洞
		扣分值	0	15	*	
焊缝裂纹	钢结构物上的焊缝出现裂纹	程度	无	少量	严重	"无"指焊缝没有裂纹;"少量"指焊缝有≤10%的裂纹;"严重"指焊缝有>10%的裂纹
		扣分值	0	15	*	
焊缝开裂	钢结构物上的焊缝开裂	程度	无	少量	严重	"无"指焊缝没有出现开裂;"少量"指≤10%的焊缝出现开裂;"严重"指>10%的焊缝出现开裂
		扣分值	0	65	*	
铆钉损失	钢结构物上的铆钉损坏或丢失	程度	无	<20%	>20%	损失的铆钉数占所有铆钉总数的比例
		扣分值	0	40	*	
螺栓松动	钢结构物上的螺栓出现松动	程度	无	少量	大量	"无"指没有螺栓出现松动;"少量"指≤20%的螺栓出现松动;"大量"指>20%的螺栓出现松动
		扣分值	0	20	*	

续附表 2

损坏类型	定义	损坏评价				说明
PC或RC式构件 — 表面网状裂缝	梁表面出现网状裂缝	程度	<3%	3%～10%	>10%	网状裂缝的总面积占整个梁表面积的百分比
		扣分值	10	25	40	
混凝土剥离	梁表面混凝土破裂脱落	程度	<1%	1%～2%	>2%	混凝土剥离的总面积占整个梁底表面积的百分比
		扣分值	15	30	45	
露筋锈蚀	梁表面混凝土脱落后露出内嵌的钢筋并且钢筋产生锈蚀	程度	<1%	1%～2%	>2%	出现露筋锈蚀的总面积占整个梁表面积的百分比
		扣分值	20	40	*	
梁体下挠	梁体向下弯曲	程度	无	轻微	明显	"无"指梁体没有出现下挠;"轻微"指梁体出现下挠,但不超过允许值;"明显"指梁体明显下挠超过允许值
		扣分值	0	40	*	
结构裂缝	梁体由于受力而产生的裂缝	程度	无	明显	严重	"无"指没有出现结构裂缝;"明显"指结构裂缝宽度未超过允许限值;"严重"指结构裂缝宽度超过允许限值
		扣分值	0	35	*	
裂缝处渗水	梁表面裂缝处有渗水痕迹	程度	无	轻微	严重	"无"指裂缝处没有渗水痕迹;"轻微"指裂缝处渗水,渗水痕迹面积不大且不明显;"严重"指裂缝处严重渗水,渗水痕迹面积较大且非常明显
		扣分值	0	15	40	
桥面贯通横缝	与桥面道路中线大致垂直并且在横向可能贯通整个桥面的裂缝,有时伴有少量支缝	程度	无	非贯通	贯通	裂缝在垂直于桥面路面中线方向的贯通程度
		扣分值	0	25	30	

续附表 2

损坏类型	定义		损坏评价			说明
			无	非贯通	贯通	
桥面贯通纵缝	与桥面道路中线大致平行并且在纵向可能贯通整个桥面的裂缝,有时伴有少量支缝	程度	无	非贯通	贯通	裂缝在平行于桥面道路中线方向的贯通程度
		扣分值	0	25	45	
横向联系 连接件脱焊松动	连接件从焊接处脱落而产生松动	程度	<5%	5%~10%	>10%	产生脱焊松动的连接件数占所有连接件总数的百分比
		扣分值	10	15	30	
连接件断裂	连接件出现断裂	程度	<5%	5%~10%	>10%	产生断裂的连接件数占所有连接件总数的百分比
		扣分值	15	30	55	
横隔板网裂面积	横隔板表面网状裂缝的面积	程度	<5%	5%~10%	>10%	横隔板网裂面积占整个横隔板表面积的百分比
		扣分值	15	25	35	
横隔板剥落露筋	横隔板表面混凝土剥落,露出内嵌的钢筋	程度	<5%	5%~10%	>10%	横隔板剥落露筋总面积占整个横隔板表面积的百分比
		扣分值	10	20	30	
梁体异常振动	梁体出现非正常的振动	程度	无	轻微	严重	"无"指梁体没有异常振动;"轻微"指梁体有轻微的异常振动,这种振动不易被感知;"严重"指梁体出现明显的异常振动
		扣分值	0	30	*	
防落梁装置 有无落架趋势	由于防落梁装置的作用而使桥梁结构有或无落架的趋势	程度	无	有	严重	"无"指桥梁结构没有落架的趋势;"有"指桥梁结构有落架的趋势,但暂时还没有危及桥梁结构的安全;"严重"指桥梁结构有落架的趋势,而且严重危及桥梁结构的安全
		扣分值	0	35	*	

续附表2

损坏类型	定义	损坏评价			说明
		程度	无	剥离	锈蚀	"无"指牛腿表面没有损伤;"剥离"指牛腿表面混凝土破损脱落,但没有露出内嵌的钢筋;"锈蚀"指牛腿表面混凝土破损脱落,露出内嵌的钢筋并且钢筋产生锈蚀
牛腿表面损伤	防落梁装置的牛腿表面被破坏	扣分值	0	25	60	
伸缩缝处渗水	防落梁伸缩缝处有渗水的痕迹	程度	无	轻微	严重	"无"指伸缩缝处没有渗水痕迹;"轻微"指伸缩缝处渗水,渗水痕迹面积不大且不明显;"严重"指伸缩缝处渗水,渗水痕迹面积较大且非常明显
		扣分值	0	15	25	
钢锚板	防落梁装置上起锚固作用的钢板	程度	完好	锈蚀	锈蚀且削弱截面	"完好"指钢锚板没有出现任何损坏;"锈蚀"指钢锚板锈蚀不严重,只是表面出现锈斑;"锈蚀且削弱截面"指钢锚板锈蚀严重,钢锚板削弱截面因锈蚀而变薄
		扣分值	0	20	40	

注:*为Ⅱ～Ⅴ类养护的城市桥梁不打分,达到该项损坏程度时,直接将该桥定为D级,Ⅰ类养护的城市桥梁定为不合格桥。

附表3　下部结构各构件评分等级、扣分表

损坏类型	定义	损坏评价			说明
网状裂缝	台帽盖梁表面产生网状裂缝	程度	<3%	3%~10%	>10%	网状裂缝的总面积占整个台帽盖梁表面积的百分比
		扣分值	8	15	25	
混凝土剥离	台帽盖梁表面混凝土破损脱落	程度	<1%	1%~2%	>2%	混凝土剥离的总面积占整个台帽盖梁表面积的百分比
		扣分值	12	20	30	
露筋锈蚀	台帽盖梁表面混凝土脱落后露出内嵌的钢筋并且钢筋产生锈蚀	程度	<1%	1%~2%	>2%	露筋锈蚀的总面积占整个台帽盖梁表面积的百分比
		扣分值	10	15	25	

（台帽盖梁）

续附表 3

损坏类型		定义	损坏评价				说明
台帽盖梁	结构裂缝	台帽盖梁由于受力而产生的裂缝	程度	无	明显	严重	"无"指没有出现结构裂缝;"明显"指结构裂缝宽度未超过允许限值;"严重"指结构裂缝宽度大于允许限值
			扣分值	0	20	30	
	裂缝处渗水	台帽盖梁裂缝处有渗水痕迹	程度	无	轻微	严重	"无"指裂缝处没有渗水痕迹;"轻微"指裂缝处渗水,渗水痕迹面积不大且不明显;"严重"指裂缝严重渗水,渗水痕迹面积较大且非常明显
			扣分值	0	15	40	
	墩台成块脱落	台帽盖梁处墩台表面混凝土成块破损并脱落	程度	<1%	1%~2%	>2%	墩台成块脱落的总面积占整个台帽盖梁表面面积的百分比
			扣分值	0	15	25	
墩台身	墩身水平裂缝	桥墩表面出现与水平面大致平行的裂缝	程度	无	非贯通	贯通	"无"指墩身没有水平裂缝;"非贯通"指墩身的水平裂缝没有相互连接成环绕整个墩身的水平贯通裂缝;"贯通"指一定数量的墩身水平贯通裂缝相互连接成形成环绕整个墩身的水平贯通裂缝
			扣分值	0	20	40	
	墩身纵向裂缝	桥墩表面出现与水平面大致垂直的裂缝	程度	无	非贯通	贯通	"无"指墩身没有纵向裂缝;"非贯通"指墩身的纵向裂缝没有相互连接成形成自上而下贯通墩身的纵向裂缝;"贯通"指一定数量的墩身纵向贯通裂缝相互连接成形成自上而下贯通墩身整个墩身的纵向裂缝
			扣分值	0	10	25	
	框架式节点	墩台身上框架式的节点	程度	完好	微裂	贯通	"完好"指框架式节点没有出现任何损坏;"微裂"指框架式节点上出现轻微的裂缝;"贯通"指框架式节点上出现贯通的裂缝
			扣分值	0	15	35	
	桥墩位置	桥墩的位置形态	程度	正确	倾斜	严重倾斜	"正确"指桥墩位置形态一切正常;"倾斜"指桥墩出现一定的倾斜,无倾覆的危险;"严重倾斜"指桥墩倾斜严重,有倾覆的危险
			扣分值	0	30	*	

续附表 3

损坏类型		定义	损坏评价					说明
墩台合身	桥面贯通横缝	与桥面道路中线大致垂直并且在横向可能贯通整个桥面的裂缝，有时伴有少量支缝	程度	无	非贯通	贯通		裂缝在垂直于桥面道路中线方向的贯通程度
			扣分值	0	25	50		
支座	支座固定螺栓	用于固定支座的螺栓	程度	完好	松动	锈蚀		"完好"指支座固定螺栓没有出现任何损坏；"松动"指支座固定螺栓出现松动；"锈蚀"指支座固定螺栓产生锈蚀
			扣分值	0	20	30		
	橡胶支座	橡胶材料类支座	程度	完好	变形	开裂		"完好"指橡胶支座没有出现任何损坏；"变形"指橡胶支座变形超过设计允许值；"开裂"指橡胶支座有裂缝
			扣分值	0	15	40		
	钢支座	钢材料类支座	程度	完好	松动	锈蚀		"完好"指钢支座完好，没有出现任何损坏；"松动"指钢支座出现松动；"锈蚀"指钢支座产生锈蚀
			扣分值	0	40	65		
	支座底板混凝土	支座底部的水泥混凝土板	程度	完好	锈蚀	碎裂		"完好"指支座底板混凝土没有出现任何损坏；"锈蚀"指支座底板混凝土破损脱落，露出内嵌的钢筋且钢筋产生锈蚀；"碎裂"指支座底板混凝土破损严重，开裂成碎块
			扣分值	0	20	60		
	支承稳定性	支座的支承稳定性	程度	稳定	不稳	落梁危险		"稳定"指支座对梁的支承很稳定；"不稳"指支座对梁的支承不是很稳定，有一定的松动；"落梁危险"指支座对梁的支承很不稳定，有落梁的危险
			扣分值	0	40	*		

续附表 3

损坏类型		定义	损坏评价				说明
基础	基础冲刷	桥梁基础被水冲刷的程度	程度	无	轻微	严重	"无"指基础没有出现冲刷损坏；"轻微"指基础有冲刷损坏且面积≤20%；"严重"指基础被冲刷损坏且面积>20%
			扣分值	0	15	30	
	基础掏空	桥梁基础下部被水冲刷形成空洞	程度	无	轻微	严重	"无"指基础没有出现掏空损坏；"轻微"指基础个别位置出现掏空损坏且面积≤20%的掏空破损；"严重"指基础出现面积>20%的掏空破损，严重影响基础结构的完整性
			扣分值	0	35	*	
	混凝土桩	桥梁基础下混凝土桩的情况	程度	完好	直径减小	锈蚀	"完好"指混凝土桩完好无损；"直径减小"指混凝土桩被损坏而使其直径减小，但未露出钢筋；"锈蚀"指混凝土桩被损坏而露出内嵌的钢筋且钢筋产生锈蚀
			扣分值	0	30	40	
	基础移动	桥梁基础的位置形态	程度	无	倾斜	坍塌变形	"无"指基础没有出现任何移动；"倾斜"指基础出现轻微倾斜，但还没有出现坍塌变形；"坍塌变形"指基础倾斜严重，出现坍塌变形
			扣分值	0	30	*	
耳背翼墙	剥离脱落	耳背翼墙表面的混凝土破损脱落	程度	无	轻微	严重	"无"指耳背翼墙表面的混凝土没有剥离脱落；"轻微"指耳背翼墙表面的混凝土剥离脱落≤20%；"严重"指耳背翼墙表面的混凝土出现的剥离脱落>20%
			扣分值	0	10	20	
	翼墙前结合处	翼墙与桥台结合处情况	程度	完好	开裂	脱开	"完好"指翼墙与桥台结合处完好；"开裂"指翼墙与桥台结合处出现开裂，但没有完全脱开；"脱开"指翼墙与桥台结合处完全脱开
			扣分值	0	15	25	

续附表 3

损坏类型		定义	损坏评价				说明
耳背翼墙	挡土功能	耳背翼墙挡土功能的情况	程度	完好	失去部分	完全散失	"完好"指耳背翼墙挡土功能完好;"失去部分"指耳背翼墙失去部分挡土功能;"完全散失"指耳背翼墙完全失去挡土功能
			扣分值	0	25	35	
	翼墙大贯通裂缝	贯通整个翼墙的裂缝	程度	无	少量	大量	"无"指翼墙没有出现大贯通缝;"少量"指翼墙出现1～5个贯通缝;"大量"指翼墙出现超过5个贯通缝
			扣分值	0	15	35	

注:*为Ⅱ～Ⅴ类养护的城市桥梁不打分,达到该项损坏程度时,直接将该桥定为D级,I类养护的城市桥梁定为不合格桥。

附表 4　桥梁技术状况评定标准

项目	一类 危险状态	二类 完好、良好状态	三类 较好状态	四类 较差状态	五类 坏的状态
总体评定	1. 重要部件功能与材料均良好; 2. 次要部件功能良好,材料有3%以内轻度缺损或污染; 3. 承载能力和桥面行车条件符合设计指标; 4. 只需日常清洁保养	1. 重要部件功能良好,材料有3%以内轻度缺损或污染,裂缝宽小于限值; 2. 次要部件有10%以内中等缺损或污染; 3. 承载能力和桥面行车条件不利于正常交通; 4. 需进行小修、保养	1. 重要部件有10%以内中等缺损,裂缝宽超限值,或出现轻度功能性病害,但发展缓慢,尚能维持正常使用功能; 2. 次要部件有10%～20%严重缺损,功能降低,能明显降低;进一步恶化将影响部件和影响正常交通; 3. 承载能力比设计降低10%以内,桥面行车不舒适; 4. 需要进行中修	1. 重要部件有10%～20%严重缺损,裂缝宽超限值,裂缝同距小于计算值,风化、剥落、露筋、锈蚀严重,且发展较快,或出现中等功能性病害,功能大于规范值; 2. 次要部件有20%以上的严重缺损,失去应有功能,严重影响正常交通; 3. 承载能力比设计降低10%～25%,必要时限速或限载通过; 4. 需通过特殊检查,确定大修、加固或更换构件的措施	1. 重要部件出现严重的功能性病害,且有继续扩展现象,关键部位的部分材料强度达到极限,出现部分杆件失隐或压杆失隐,钢筋断裂,混凝土压碎或压杆失隐,变形大于规范值,结构的破损现象,刚度,稳定性和动力影响应不能达到平时的交通安全通行的要求; 2. 承载能力比设计降低25%以上,必须降低通行荷载与车速,或封闭交通; 3. 要通过特殊检查,确定处治对策

续附表 4

项目	一类 危险状态	二类 完好、良好状态	三类 较好状态	四类 较差状态	五类 坏的状态
墩台与基础	1. 墩台各部分完好； 2. 基础及地基状况良好	1. 墩台部分基本完好； 2. 3%以内的表面有风化麻面、短细裂缝，缝宽小于限值，砌体灰缝脱落； 3. 表面有苔藓、杂草； 4. 基础无冲蚀现象	1. 墩台各种缺损，有风化、剥落，露筋、砌体灰缝脱落等； 2. 出现轻微的下沉、倾斜滑动等现象，发展缓慢或趋向稳定； 3. 基础有局部冲蚀现象，桩基顶段被冲损	1. 墩台10%~20%的表面有各种缺损，裂缝宽而密，剥落、露筋、锈蚀严重，砌体大面积松动、变形； 2. 墩台出现下沉、倾斜、滑动、冻起现象，台背填土有沉降裂缝或挤压隆起变形较快，变形小于或等于规范范围； 3. 基础冲刷大于设计值，基底顶段被冲蚀、露筋、颈缩，或有环状冻裂。冲刷面在10%~20%	1. 墩台不稳定，下沉、倾斜、滑动、冻起现象严重，变形大于规范值，造成上部结构和桥面变形过大，不能正常行车； 2. 墩台基础结构性断裂，裂缝有开合现象； 3. 基桩基础出现结构断裂。基底冲刷面达20%以上，冲刷深度大于设计值，地基失效，承载能力降低，桥台岸坡滑移
支座	1. 各部分清洁完好，位置正确； 2. 活动支座伸缩与转动正常	1. 支座有尘土堆积，略有腐蚀； 2. 支座滑动面干涩	1. 钢支座固定螺栓松动，锈蚀严重； 2. 橡胶支座变形、老化； 3. 混凝土支座有剥落、露筋，锈蚀现象	1. 钢支座的组件出现断裂； 2. 橡胶支座老化开裂； 3. 混凝土支座碎裂； 4. 活动支座死，不能活动； 5. 支座上下错位过大，有倾倒的危险； 6. 支座脱落	支座错位、变形、破损严重，已失去正常支承功能，使上下部结构受到异常约束，造成支承部位的缺损和桥面的不平顺

续附表 4

项目	一类 危险状态	二类 完好、良好状态	三类 较好状态	四类 较差状态	五类 坏的状态
砖石、预应力、钢筋混凝土	1. 结构完好,无预应力渗水,无污染; 2. 次要部位有少量短细裂纹,裂纹宽度小于限值; 钢筋混凝土裂纹宽度小于限值	1. 结构基本完好; 2. 3%以内的表面有风化、麻面、短细裂缝,缝宽度小于限值,砌体灰浆脱落; 3. 上下游侧表面有水迹污染,砌缝滋生草木	1. 结构3%~10%的表面有各种缺损,有风化、剥落、露筋、锈蚀,预应力筋锚固区有裂缝,缝宽度小于限值; 2. 石砌拱桥砌体有脱落,局部松动、外鼓; 3. 横向连接件断裂、脱焊或松动,边梁或边拱肋有横移或外倾迹象	1. 结构10%~20%的表面有各种缺损,重点部位出现接近全截面的开裂,裂缝宽超限值,顺主筋方向有纵向裂缝,混凝土剥落严重,砌体有较大松动,墙面开裂严重,砌体开裂区有超限裂缝,预应力筋锚固区开裂; 2. 结构存在永久变形,变形小于规范值,桥面竖向呈波形	1. 结构永久变形大于规范值; 2. 重点部位出现屈服或混凝土压碎,主拱圈出现四铰,成不稳定结构,部分钢筋届服,混凝土压碎,顺主筋方向有断裂; 3. 受压构件有严重的横向扭曲变形; 4. 结构的振动或摆动过大,行车和行人有不安全感; 5. 承载能力比设计降低25%以上
钢结构	1. 各部件及焊缝均完好; 2. 各节点铆钉、螺栓无松动; 3. 各部分油漆均匀平滑、完整,色泽鲜明	1. 各部件完好,焊缝无裂纹; 2. 少数节点个别铆钉、螺栓松动、变形; 3. 油漆变色、起泡剥落,面积在10%以内	1. 个别次要构件有局部变形,焊缝有裂纹; 2. 联结铆钉、螺栓损坏在10%以内; 3. 油漆失效面积在10%~20%以内	1. 个别主要构件有扭曲变形,损伤裂纹、开焊,严重锈蚀; 2. 联结铆钉、螺栓损坏在10%~20%; 3. 油漆失效面积在20%以上	1. 主要构件有严重扭曲变形、开焊,钢材变质,强度性能恶化,锈蚀削弱截面10%以上,效面积50%以上; 2. 节点板及联结铆钉、螺栓损坏在20%以上; 3. 结构永久变形大于规范值; 4. 结构振动或摆动过大,行车和行人有不安全感

续附表 4

项目	一类 危险状态	二类 完好、良好状态	三类 较好状态	四类 较差状态	五类 坏的状态
人行道栏杆	完整清洁，无松动，少数构件局部有细裂纹，麻面	个别构件破损、脱落，3%以内构件有松动，裂缝、剥落和污染	10%以内构件有松动、开裂、剥落、露筋、锈蚀、破损、脱落	10%~20%构件严重损坏、错位、变形、脱落、残缺	20%以上构件残缺
桥面铺装、伸缩缝	1. 铺装层完好、平整、清洁或有个别细裂缝； 2. 防水层完好，泄水管完好、畅通； 3. 伸缩缝完好、清洁； 4. 桥头平顺，无跳车现象	1. 铺装层10%以内的表面有纵、横裂缝，间距大于1.5 m，有浅坑槽、波浪； 2. 防水层基本完好，泄水管堵塞、周围渗水； 3. 伸缩缝局部破损，缝内堵塞； 4. 桥头轻度跳车，台背路面下沉在2 cm以内	1. 铺装层10%~20%的表面有严重的龟裂、深坑槽、波浪； 2. 桥面板接缝处防水层断裂渗水、泄水管破损、脱落； 3. 伸缩缝普遍缺损、露筋，锚固区混凝土破碎，出现跳车现象； 4. 桥头跳车明显，台背路面下沉2~5 cm；	1. 铺装层20%以上的表面有严重的破碎、坑槽，桥面有普遍坑洼不平现象，有积水； 2. 防水层老化失效，普遍断裂、渗水、泄水管脱落，孔堵塞； 3. 伸缩缝老损、失效，难以修补； 4. 桥头跳车严重，台背路面下沉大于5 cm	
翼（耳）墙、锥、护坡	1. 翼墙完好无损，清洁； 2. 锥坡完好，无垃圾堆积，无草木滋生； 3. 桥头排水沟和行人台阶完好	1. 翼墙出现个别裂缝，缝宽小于限值，局部剥落、脱落，面积在10%以内； 2. 锥坡局部塌陷，垃圾堆积，草木丛生； 3. 桥头排水沟堵塞不畅通，行人台阶局部塌落	1. 翼墙断裂，与桥台前墙脱开，但无明显外倾、下沉，砌体灰缝脱落，局部松动外鼓，面积小于20%； 2. 锥坡出现大面积塌陷，铺砌缺损，形成冲或积水坑，坡脚有局部冲蚀； 3. 桥头排水沟和行人台阶损坏，功能降低	1. 翼墙断裂、下沉、外倾失稳，砌体变形，严重部分倒塌； 2. 锥坡体和坡胸冲蚀严重，有滑坡、坍塌，坡顶下降较大，护坡作用明显减小； 3. 桥头排水沟和行人台阶全部损坏，几乎消失	

续附表 4

项目	一类 危险状态	二类 完好、良好状态	三类 较好状态	四类 较差状态	五类 坏的状态
调治构造物	1. 构造物设置合理，功能正常； 2. 构造物完好，无存留漂浮物	1. 构造物功能基本正常； 2. 构造物局部断裂、砌体松动、变形	1. 构造物本身抗洪能力不足，基础局部冲蚀； 2. 构造物20%以内出现下沉、倾斜，局部坍塌	1. 构造物本身抗洪能力大大低，基础冲蚀严重； 2. 构造物20%以上被损坏，部分丧失功能或功能下降	1. 构造物大范围毁坏，失去功能，或设置不合理，未达到预期效果； 2. 原未设置，而经调查表明需要补充设置者
照明标志	完好无缺，布置合理	照明灯泡损坏，灯柱有锈蚀，个别标志不正	灯柱歪斜不正，灯具损坏，标志倾斜损坏或脱落	照明线路老化破损或短路，灯柱残缺不齐，标志缺失严重	
斜拉索	1. 斜拉索保护层完好，无破损； 2. 斜拉索高强钢丝无锈蚀； 3. 斜拉索锚具无锈蚀； 4. 减振器完好，无老化； 5. 拉索锚管防漏无积水	1. 斜拉索保护层部分破损，面积占斜拉索表面积的3%以内； 2. 斜拉索高强钢丝部分锈蚀，数量占总面积的3%以内； 3. 斜拉索锚具有局部锈蚀，面积占总面积的3%以内； 4. 减振器有3%以内出现老化开裂现象； 5. 斜拉索锚管出现3%以内的锈蚀或渗水现象	1. 斜拉索保护层破损面积占总面积的3%～10%； 2. 斜拉索高强钢丝锈蚀占总面积的3%～10%以内； 3. 锚具锈蚀面积占总面积的3%～10%以内； 4. 减振器有3%～10%出现老化开裂失效； 5. 斜拉索锚管有3%～10%出现破损或渗水	1. 斜拉索保护层破损占总面积的10%以上； 2. 斜拉索高强钢丝锈蚀占总面积10%以上； 3. 锚具锈蚀面积占总面积的10%以上； 4. 减振器有10%以上开裂及失效； 5. 斜拉索锚管有10%以上损坏漏水	1. 斜拉索脱落或断裂； 2. 大桥出现异常、变形

续附表 4

项目	一类 危险状态	二类 完好、良好状态	三类 较好状态	四类 较差状态	五类 坏的状态
索塔及桥塔	1. 各部分结构完好，塔顶位移正常； 2. 侧向限位支座清洁完好，连接件牢固，无锈蚀，间隙正常	1. 各部分结构基本完好，塔顶位移基本正常； 2. 斜拉索锚固区混凝土有少量裂纹，缝宽小于限值； 3. 侧向限位支座连接螺栓有3%以内松动，钢板有局部锈蚀，面积在3%以内	1. 表面有10%以内的风化、剥落、露筋现象； 2. 斜拉索锚固区混凝土裂缝宽达限值10%以内； 3. 侧向限位支座连接螺栓松动，锈蚀达10%以内	1. 塔顶位移量超过设计允许值； 2. 斜拉索锚固区混凝土裂缝超过限值达10%以上，露出锈蚀钢筋； 3. 侧向限位支座螺栓断裂，钢板损坏	1. 塔顶变形异常偏大； 2. 斜拉索锚固区混凝土出现贯通性裂缝，环向预应力筋严重锈蚀，环向预应力失效； 3. 侧向限位支座破损严重，变形错位、失效
主梁及加劲梁	参照有关条文	参照有关条文	参照有关条文	参照有关条文	参照有关条文
主缆	1. 表面清洁，防腐层完整； 2. 无渗水、漏水； 3. 单元索股锚固良好	1. 表面有灰尘沉积； 2. 个别表面防腐层有损伤； 3. 单元索股索力变化	1. 防腐层开始老化，表面开裂，可探见缠丝层； 2. 有渗水、漏水现象； 3. 发现锈蚀，有断丝出现	1. 防腐层老化严重，10%～20%的表面有各种缺损，开裂严重； 2. 渗水明显，漏水严重； 3. 索股锈蚀严重，断丝严重	1. 成形发生异常变化； 2. 锚碇有位移； 3. 锚固出现松动； 4. 有索股断裂
吊杆	1. 表面清洁，防腐层完整； 2. 上下锚头状况良好； 3. 吊索位置正确	1. 个别表面防腐层有损伤； 2. 个别吊索位置有位移	1. 防腐层开始老化，多处表面开裂，可探见钢丝； 2. 有渗水、漏水现象； 3. 部分吊索位置变形明显	1. 防腐层老化严重，多处20%的表面开裂严重，可见钢丝； 2. 渗水、漏水严重； 3. 大部分吊索位置变形，变形严重； 4. 有断丝现象出现	

续附表 4

项目		一类 危险状态	二类 完好、良好状态	三类 较好状态	四类 较差状态	五类 坏的状态
索夹		1. 表面防腐层完好; 2. 紧固螺栓紧固; 3. 密封填料完好	1. 表面防腐层局部有脱落,出现锈蚀; 2. 个别紧固螺栓松动	1. 表面防腐层老化、脱落较严重; 2. 密封填料老化、渗水; 3. 紧固螺栓预紧力损失较大	1. 表面防腐层有裂纹,有大面积脱落; 2. 渗水、漏水严重; 3. 位移严重	
锚碇		1. 锚碇无变形; 2. 锚室干燥; 3. 锚固状况良好、室内排水系统完好、除湿系统运转正常; 4. 山体稳定,排水畅通	1. 锚碇变形在允许范围内; 2. 锚室有微小渗水、漏水; 3. 山体排水较畅	1. 山体排水不畅,局部稳定性差; 2. 锚碇混凝土开裂,锚碇渗、漏水严重; 3. 除湿系统运转不正常	1. 锚碇发生位移; 2. 锚碇岩体开裂严重; 3. 除湿系统失效	锚碇位移严重

参 考 文 献

[1] 王云江.市政工程概论[M].北京:中国建筑工业出版社,2015.

[2] 杨岚.市政工程基础[M].北京:化学工业出版社,2009.

[3] 周传林.市政道路养护与管理[M].北京:人民交通出版社,2009.

[4] 傅智.水泥混凝土路面施工与养护技术[M].北京:人民交通出版社,2003.

[5] 邓学钧.路基路面工程[M].北京:人民交通出版社,2000.

[6] 王海良.桥梁工程施工技术[M].北京:人民交通出版社,2013.

[7] 王云江.桥梁工程养护维修与管理[M].北京:化学工业出版社,2014.

[8] 白建国.市政管道工程施工[M].北京:中国建筑工业出版社,2014.

[9] 建设部人事教育司.下水道养护工[M].北京:中国建筑工业出版社,2004.

[10] 北京市市政工程管理处.城市桥梁养护技术规范(CJJ 99—2003)[M].北京:中国建筑工业出版
社,2003.

[11] 北京市市政工程管理处.城镇道路养护技术规范(CJJ 36—2006)[M].北京:中国建筑工业出版
社,2006.

[12] 中交第一公路工程局有限公司.公路桥涵施工技术规范(JTG/T F50—2011)[M].北京:人民交通
出版社,2011.

[13] 上海排水管理处.城镇排水管渠与泵站维护技术规程(CJJ 68—2007)[M].北京:中国建筑工业出
版社,2007.

[14] 太原市工程标准定额站.城市道路绿化养护管理标准(DBJ 04—262—2008)[R].太原:山西省建设
厅,2008.

[15] 广州市市政工程维修处.城市道路养护技术规范(DBJ 440100/T 16—2008)[R].广州:广州市质量
技术监督局,2008.

[16] 上海市路政局.城市桥梁养护技术规程(DG/TJ 08—2145—2014　J12721—2014)[M].上海:同济
大学出版社,2014.

[17] 重庆市桥梁协会.重庆市城市桥梁养护技术规程(DB 50/231—2006)[R].重庆:重庆市质量技术
监督局,2006.